メダカ色の
ラブレター

岩井光子

風媒社

ボクたちの「メダカ色のラブレター」が、オバさんに届きますように――。

I　メダカにハマってさあ大変！

Ⅱ メダカ色の生活

Ⅲ　オバさんのメダカ白書

Ⅳ受け継がれていくメダカ

I

メダカにハマってさあ大変！

今年も赤ちゃんいっぱいだよ

岩井さんちのメダカたちは、今年もどんどん、どんどん産卵してまた赤ちゃんがいっぱい生まれているよ。

オバさんちは環境がいいんだ。木がたくさん植えられている比較的静かな庭に置かれた睡蓮鉢の中で、ボクたちは飼われているんだ。マイナスイオンもいっぱいあって、森林浴もできるんだよ。

オバさんが最初に買ってきた元祖のメダカたち五匹は、もう全員が天寿を全うしてあの世に逝《い》っちまったけれど、その子ども、またその子ども、そしてそのまた子どもと、子孫は繁栄しているのさ。

オバさんの家には今、直径五〇センチの睡蓮鉢が十六個並べてあって、ボクたちは大・中・小・極小と大きさごとに分けられて飼われているんだ。

オバさんは水換えと毎日のエサやりが大変なんだ。夏はノーブラにハゲハゲのTシャツ、冬は毛玉のできたセーターを着て、頭には草むしりのおばさんたちが使っている首の所まで布の垂れた帽子を被《かぶ》る。手には指先が出るUVカットの手袋をはめ、男物のサンダル。ひどい時は首にタオルなんか巻いちゃって、それはまあ、勇ましい格好なのさ。もちろん、顔はスッピンで頭はアフロヘアーになっている。まゆ毛なんか半分ないんだぜ。色気も何もあったもんじゃない。最近では、日に焼けることも、さほど気にしていないみたい。足の甲なんか、サンダルの跡が付いて縞々模様に焼けちまっているんだぜ。

ボクたちに有害だといけないので、日焼け止めクリームや化粧水など、一切付けないでやっているのさ。腕だってたくましいよ。何しろ、汲み置きしたバケツの水を八杯も九杯も運ぶんだからね。

オバさんは時々、

「なんで、こんなことやるハメになったのかしら……」

ぶつぶつひとりごとを言ってるよ。こんなにボクたちの繁殖率がいいとは思っていなかったみたい。

しゃがんで睡蓮鉢の水を換えたり、エサを与えたり、卵付きの水草を親から離してバケツやタライに移して、そこで孵化《ふか》したチビたちを一匹ずつ掬《すく》っては、チビ専用の鉢に集めたりする作業は、かなり足腰にこたえるらしい。

今、オバさんが一番心配していることは、この先もどんどん仲間が増え、逆にオバさんの体力が衰えたり、病気になったりして面倒を見られなくなったら、どうしようかということらしい。

ボクたちを近くの川や池に捨てる訳にはいかないんだ。生態系が変わってしまうからね。だから、いつかはメダカを好きだという人にあげて、世話を頼むことになるんだろうな……。

でも時々、友だちから、

「ちょうだい」

と言われるらしいけど、成長した子はどの子も絶対あげられないとオ

今年もまた
メダカのこども達がいっぱい産まれたよ
ここは緑もいっぱいだし しずかでサイコー
きもちいいよね
←赤ちゃんたち
ちなみにここの庭には睡蓮鉢が…
メダカ用
ずらりっ
16コ
でかい子
こどもたち
めずらしい子
しかもサイズや種類でちゃんと分けられてるのさ
そんなボクたちの世話をしてくれているのが「岩井さん」。ボクたちは「オバさん」って呼んでるよ。
ピーちゃーん ごはんですよー
タオル
MEDAKA
ノーメイク
ノーブラ
ハゲハゲTシャツ
日焼け止めクリームはメダカたちのために使わない
←男物サンダル
たくましいね
うん

バさんは思っているみたい。

ネットで掬《すく》おうとしても必死に逃げ回るボクたちを見ていると、捕まる子が不憫《ふびん》で嫌なのだそうだ。だから、あげるなら水草に卵が付いた状態であげたいんだって。卵の状態なら、まだ情が移っていないからね。だけど、ボクたち本当はいつまでもこのオバさんちで暮らしたいと思っているんだ。でも、それはボクたちの代までだろうね。ずっと先の子孫や、そのまた子孫たちは無理だろうな。

睡蓮鉢デビュー

水草に産みつけられた卵（注1）はバケツやタライに移されて、そこで十日から二週間ぐらいで孵化《ふか》する。

時々、親のいる鉢の中に取り残されて、そこで孵化した子がチョロチョロ泳ぎ回っていると、親に追いかけられて食べられることもある

（注 1）卵の大きさは 1 ミリ以下、透明で、表面に糸のようなもの（纏絡糸＝てんらくし）がたくさん生えていて、それで水草にからみつく。受精卵は固い。

んだよ。命からがら逃げ延びて隠れているところをオバさんが見つけて助けてくれる。そして、一匹ずつチビ専用の睡蓮鉢に入れるんだ。その時オバさんは律義にも必ず、

「仲間に入れてやってね」

とか、

「ボクも入れてね」

とか言うんだよよ。


　孵化したチビはこうして〝睡蓮鉢デビュー〟をするのだ。人間の子どもが公園で仲間入りさせてもらうことを〝公園デビュー〟というらしいが、メダカにも仲間に入れてもらうには儀式がいるんだ。中に入ってしまえば、多分それは兄弟、姉妹だったり、いとこやはとこ、おじさん、おばさんっていう関係なんだが、馴れるまでは新参者は小さくなってるんだ。

　オバさんの旦那さんは、

「川などのメダカは自然淘汰されて、強くてすばしこいものだけが生き残っていくのが自然の摂理なのに、お前は一匹残らず育てるのか？」

あきれ顔でそう言ったらしい。

チビたちは、どの子もみんな体長四ミリほどの体に、キンキン目玉を二つずつ付けてもらって生まれてくる。そしてその目玉をキョロキョロさせながら、小さな体で一生懸命泳いでいる。お父ちゃんやお母ちゃんに一度も会ったこともない子がほとんど。

親子一緒に暮らせない可哀想な宿命のボクたちを、オバさんは全員育ててやりたいと思っているようだ。せっかく、生まれてきたんだもんね。命の神秘と不思議を感じるんだって。

弱肉強食の世界

チビばかりを集めてある睡蓮鉢で、死体も浮いてないのに、極端に数が減っていたことがあった。

水を飲みに来た鳥が一緒に飲んでしまったのか、それとも、時たま水草に付いて入り込んだヒルが食べたのだろうかと、オバさんは想像していた。

ところが、ある日少し大きくなったお兄ちゃんがチビをしっぽの方からくわえていたのさ。すぐには飲み込めなくて、くわえたまま泳いでいる現場をオバさんに見つかって、叱られたんだって。そこですぐに離したが、その弟はすでに虫の息。オバさん大ショックだったみたい。大きい子が中くらいの子を、中くらいの子が小さい子を、小さい子がさらに小さい子をいじめる（？）という構図なのさ。

食べるのが目的か、いじめるのが目的かって？　それは両方さ。まさに弱肉強食の世界なんだ。早く大きくなった方が勝ちというわけさ。だから、ボクたち少しでも早く大きくなりたいんだ。親なのに、自分の子どもという認識がなくて、エサに見えちゃうなんて悲しいね。

ボクたちの名前はピーちゃん

ボクたちはオバさんに「ピーちゃん」と呼ばれているんだよ。なぜ「ピーちゃん」なのかは分からないけどね。

「チーちゃん」や「ミーちゃん」では猫みたいだし、「ピーちゃん」も鳥の名前のようだなって、仲間同士で話しているんだけれど、まあ呼びやすい名前だし、ボクたちにもすぐ分かる名前だから気に入っているんだ。

ボクたちと言ったのは一匹一匹の名前ではなくて、睡蓮鉢の子全部がそう呼ばれているんだ。しかも、どの睡蓮鉢の子もすべて「ピーちゃん」。だから、みんな自分が「ピーちゃん」だと思っている。

でもオバさんは時々、「ピー助」と呼ぶ時があるんだよ。それは男の子を呼ぶ時なんだ。口先もオスはメスのように丸くはなく、スクエアになっていて、体は細身で目はキリッとしている。いかにも凛々《りり》しいんだ。「ピー助」というのがピッタリするみたい。

楽しいごはん

ボクたちはオバさんが「ピーちゃん」と呼んだ時は、

（たぶん、ごはんだな）

と思って、水草の間から少し顔を出して様子を窺《うかが》うんだ。そうすると、やっぱりごはんなんだ。

オバさんは、

「来たの？」

と言って、エサをパラパラとバラまいてくれるんだけれど、頭の上から掛けないでほしいよな。いつも頭の上からぶっ掛けてくるから、エサが目に入りそうになっちゃう。

このエサは円筒形の入れ物に入っていて、旨《うま》そうな匂いがするんだ。

魚粉やイカ肝粉・全鶏卵・タウリン・大豆レシチン・ビール酵母やミネラル・ビタミンなどが混ぜてあり、栄養満点なのさ。

それに加えて、「乾燥アカムシ」ってやつも買ってきてくれたんだ。これも結構高価で、直径五センチぐらいで高さ約一〇センチの円筒の入れ物に入っている。値段は七四〇円もするんだって。もう少し安いアカムシもあったけど、

「こちらの方がきれいに仕上がっていておいしいですよ」

店員さんにそう言われて、

(店員さんは食べてみたことがあるのかなぁ〜)

と思いながらも、オバさん奮発してくれたんだ。

それが何と旨いこと、旨いこと。それに栄養もありそうだから、みんな競争して食べるんだ。ボクたち、ほとんど丸呑みなんだけど、粉になっていては食べた気がしないし、ある程度大きい方が食べた気がして満足感があるね。でもちょっと長めのアカムシを食べる時は気を

付けないと喉《のど》に引っ掛かって苦労するんだ。

この間なんて、欲ばって大きいのを食べたら、飲み切れなくて困っちゃった。一度吐き出してまた飲んで、また吐き出してようやく食べたんだ。だから、もう大きいのはこりごりだ。それからは小さめのものを選んで食べるようにしてるのさ。そうしなさいと親に教えられたわけじゃないけど、先輩たちがみんなそうしてるから、真似しているんだ。吐き出したものをもう一度食べるから、マナーはいいだろう？

そんなボクたちを見て、オバさんは夜なべ仕事でアカムシをハサミで三分の一ぐらいに細かく切ってくれるようになったので、ずいぶん食べやすくなったよ。

オバさんがくれるボクたちのエサは栄養満点!!
今日も元気ねー
パラパラ
・魚粉
・イカ肝粉
・全鶏卵
・タウリン
・大豆レシチン
・ビール酵母
・ミネラル
・ビタミンetc.
いい匂い♡
パク
パク
これに加えて「乾燥アカムシ」もくれるんだ。
高級なんだけどね♡
ピーちゃんたちのために大ふんぱつ!!
これが大好き!!
…なんだけど…
ゲフッ
ゴフ
ゲボ!!
よくばって大きいのを食べてのどにつまらせるヤツが続出!!
それを見たオバさんが全部こまかく切ってくれたんだ♫
ピーちゃんたちのためっ
チョキチョキ
でもオジさんにはそこまでかまってないらしいよ。
ゲフ
これ大きすぎるぞ…
あらごめんなさい

ボクたち、ドジじゃないよ

オバさんはボクたちが急いで逃げたり、「ごはんだ」って言われてあわてて岩かげから出てきたりする時、仲間同士で正面衝突したり、岩に激突する子はいないかなって見ているようだけど、ボクたちにはそんなドジはいないんだよ。

ボクたちはうまく急ブレーキがかけられるんだ。バックだってするんだぜ。

だけど、この間、ちょっとヘマやっちまってさ。一つのエサを取り合って、仲間同士でぶつかって、口の所を打っちまったよ。あれは失敗だったが、めったにそんなドジはしないよ。

白メダカと黒メダカ

オバさんは最初ヒメダカだけを飼っていたんだけど、友人と知多半島の常滑《とこなめ》へ旅行に行った時に、陶器屋さんの巨大睡蓮鉢の中にまっ白なメダカがスイスイ泳いでいる姿を見つけて、すっかり魅せられてしまったんだ。

そして、どうしても欲しくなって、売り物ではないその白メダカを一匹二〇〇円で十四分けてもらったのさ。

実はそこのおばさん曰《いわ》く、

「みんながよく分けてくれって来るのよ。よそで六八〇円で買ったという人もいたが、うちはメダカ屋じゃないから一〇〇円でいいよ。その代わり、たくさんはあげられないよ」

もったいぶった言い方だったので、うちのオバさんは一〇〇円と言われたのを、二〇〇円で買ったのさ。二〇〇円出しても欲しいと思ったんだって。

　家へ帰ったら、一匹死んでいたのですごくショックだったらしく、今度はオジさんを無理やり連れて行き、前に死んだ子の分も入れて、

「今度は十一匹下さい」

　二度目ということもあってちょっと気が引けたが、思い切って頼んだ。そうしたら、店のおばさんが数え間違えたのか十三匹もいて、「やったぁ」と大喜び。まさか、おまけしてくれたわけではないと思うが……。そこの白メダカは放ったらかしの子で、

「エサなんか、一度もやったことないよ」

　店のおばさんは平然と言っていた。

　雨が降って巨大睡蓮鉢の水が溢《あふ》れた時は、白メダカの赤ちゃんたちは流され放題だったらしい。何と、もったいない話。

　オバさんの家にやって来た白メダカたちは、生まれて初めてエサというものを食べたんだ。旨《うま》かっただろうぜ。何しろ、今までは藻《も》しか

食べていなかったもんな。ガツガツ食べて、今ではすっかり肥満児さ。飼い主のオバさんに似てきちゃった。

あっ、そうそう、白メダカっていえば、オバさんちでヒメダカ同士の子どもでも、〝アルビノ〟という現象で白メダカが四、五匹出たことあるんだよ。でも、全部死んじゃったけどね。

黒メダカは、絶滅の危惧《きぐ》があるといわれていて本当は貴重なんだが、何とも色気がない。睡蓮鉢の中にいても、よーく見ないと、どこにいるのか分からないくらい。動きもやはり一番野生に近いらしく、機敏でさっと逃げる。

最初、あまりかわいげがないとオバさんは思っていたみたいだが、だんだん馴れてきてかわいくなってきたようだ。

これは実は、鈴木さんという人からもらったものが半分と、買ったものが半分なんだよ。鈴木さんというのは、オバさんがメダカを飼っているという記事が『中日新聞』に大きく載った時、その記事を見て

ピー助ごはんよー
ーと呼ぶときは
パラパラ
オスのメダカのとき。
オバさんだ
うちのオスはキリッとしててみんなイケメンね♡
オスはすぐわかるわ♪
かっこいいもん♡
ボクたちほとんどがヒメダカなんだけど
あるとき
やだ!! 白くてステキ!!
まっ白な白メダカに出会って仲間に加わったんだ。
スイー
この子たちいただくわ!!
ホントにキレイねー
ーオバさんがかわいがりすぎて今じゃおデブなんだけどね。
白くておデブ
ゲフ
のろのろ
ちなみに黒メダカは絶滅危惧種なんだけど
見えない…
もおーどこにいるのかしら
ーなんて言うんだぜ。ひどいなあー。
すばしっこいしかわいくないわ
ヒドイー
でも黒メダカが減ったら仲間を買ってきてくれるんだよ。
やさしいな
わーい

訪ねてきた人なのだ。メダカ仲間っていうところかな。

その鈴木さんが黒メダカを十匹くれたのだった。だが、知らない間に四匹になってしまっていたのは不思議だ。死体も浮いていなかったのになぜだろう。四匹ではいかにも寂しそうだと、観賞魚店で仲間を買ってきてくれたのさ。

これで、オバさんちのメダカは、赤・白・黒になったんだよ。

噂によると、「青メダカ」っていうのもあるらしく、オバさん「青」も欲しいとその時は思ったが、もうこれ以上、種類を増やすまいとあきらめたらしい。

メダカ・エルボー

ボクたちの飼い主は、ちょっと太めのオバさんだが、これまたよく面倒を見てくれるのさ。

どうも家事や庭掃除や草むしりはあまり好きではないらしいが、ボクたち生き物のことは、小まめにやってくれる。エサの出資者はオバさんの旦那さんだから、オジさんも間接的には飼い主ということになるんだろうけれど、オジさんは時々覗《のぞ》く程度で、直接エサを貰《もら》ったことはないんだよ。

「世話が大変だ」

オバさんが愚痴を言うと、オジさんは、

「メダカの佃煮って聞いたことないな。いっぺん佃煮にしたらどうだ」

冗談だとは思うけれど、ドキッとするようなことを言ってたよ。佃煮にされたら大変だ。

とにかく、ボクたちに限らず生き物の世話は手がかかる。

朝起きると、水面に浮いているゴミや前日に食べ残したエサを掬《すく》って捨て、汲み置きした水を追加してエサをやる。エサを食べているボクたちを見ながら、病気の子がいないか健康チェック。病気の子を見つけると、すぐ別の睡蓮鉢で薬浴させる。水がグリーンになる〝グリーンFゴールド〟という薬と食塩を適量まぜて、一週間をメドに薬浴させるんだ。

天気が良くてカンカン照りの日は、水がお湯になってボクたちが煮えてしまわないように日傘をさしてくれる。そうじゃないと湯になって、ボクたちは煮えちまうんだよ。まさに「釜揚げメダカ」さ！　だから、ピンクや黄色や水色のパステルカラーの傘がずらりと並ぶんだ。スーパーで金五〇〇円也のものをまとめ買いしてあるのさ。雨の日は酸性雨が入らないように、これまた傘をさしてくれるんだ。

真冬の零下何度というような厳寒の夜は、ふとんを掛けて自転車用のゴムひもで縛るんだよ。ボクたちは真っ暗闇になるけれど、寒さには勝てないから、ありがたいのさ。零度ぐらいまでなら平気だけれどね。ちょっと過保護かな？

そんなこんなでオバさんは「テニス・エルボー」ならぬ「メダカ・

エルボー」になっちまったんだ。夜になると肘《ひじ》にシップ薬を貼ってるんだよ。ボクたちを飼っていても一円にもならないのにね。最近ではちょっと要領が分かってきたらしく、というか鍛えたせいか、ちょっとはいいみたい。

オバさんは毎日、天気予報をしっかり見て行動するんだ。完全にボクたちにハマっているオバさんは、干渉し過ぎと思うくらいよく見に来る。だけど、ボクたちによってオバさんもずいぶん癒されるって言ってたな。ギブ・アンド・テイクというところかな。

特注ステンレスのゴミよけ

オバさんが用事で二日ばかり家をあけたことがあったんだ。その時は、まだ寒さが残る四月だったので、鉢の上からさっと、透明のビニールを掛けてもらっていたのさ。窒息しないようにと、瓦を睡蓮鉢の周りに立て掛け、その上から被《かぶ》せてあった。天気が良くて日差しが強くなる昼間はそれを外し、夜になるとまた被せるのだ。

一日目は雨だったので、そのままでよかったが、二日目は晴天だったので、オバさんはオジさんに電話して頼んでくれた。

「ピーちゃんのビニール、外してやってね」

内心は当てにはならないと思っていたようだが、

「ビニール取ったぞ」

オジさんから電話があったので安心していた。

ところが、夜になって、帰宅したオバさんは睡蓮鉢を覗《のぞ》いて驚いた。睡蓮鉢の中はゴミだらけだった。小さなゴミや木の葉、小枝が水面をびっしり覆っていた。

オバさんは、

「ピーちゃん！　ピーちゃん！」

何度も呼んでくれたが、顔を出す隙間もなかった。その日は嵐のように風が強かったのだ。

すばやく着替えをしてきたオバさんは、小さな柄杓《ひしゃく》を持って来て、懐中電灯で照らしながら、一つ一つの鉢のゴミを時間をかけてきれいに掬《すく》って捨て、新しい水を注いでくれた。

ゴミと間違えられて捨てられてはかなわないと、ボクたちは逃げて回った。大きくなっているボクたちは、よほど、ボーッとしているヤツでない限り、大丈夫だけれど……。

極チビの鉢だけは、翌日に延ばした。夜、やれることではなかったから。

オバさんが帰ってきたのは最終の新幹線だったから、この作業を全部やり終えたのは、もう明け方の四時半ぐらいになっていた。翌朝まで、この状態にしておくわけにはいかないと判断したからだった。

翌日、早速オバさんは近くの金物屋へ出かけて行った。ゴミよけ用の〝ザル〟のようなものを買うためだ。だが直径三〇センチぐらいまでなら既製品があるが、直径五〇センチのものはないと言われた。

「特注しかないですね。ステンレス製とそうでないのとありますが、錆びないのはステンレス製の方です」

店員はカタログをめくりながらそう言った。オバさんは少し戸惑った。

「特注はかなり高くつきますよ」

それでもオバさんは腹を決めて、ステンレスのものを九個も注文した。その時は鉢はまだ八個だったので、予備も含めて九個にしたのだ。

「何に使われるんですか？」

店員は不思議そうに尋ねたんだって。

「メダカの鉢のゴミよけよ……」

「えっ、メダカ？」

ちょっと呆れたような笑い顔で店員は聞き返した。

数日後、電話が入った。

「見積りが出ました。かなり高くなりますが……」

「どのくらいですか」

「一個一万一五〇〇円になります」

それを九個となると……。これは大変だ。

オバさんは迷った。いい値段だな。でも、それがないとまたゴミだらけになってしまう。あまり値切ったりしたことのないオバさんだが、勇気を出して値切ったんだって。

「もう少しお安くならないの？」

「そうですねえ。じゃあ、一万一〇〇〇円に勉強しますわ」

この値段のことはオジさんには内緒だよ。オジさんが聞いたら、

「お前、何考えてるんだ！」

オバさん叱られちゃうかもね。でもオジさんはオバさんに聞いたらしいんだ。

「この網どうしたんだ？」

「特注で作ってもらったの」

ピーちゃーん ごはんよー♡
我々はメダカである。名前は全員「ピーちゃん」…。
たまにピー助
…
黒も白もいっしょ
ホント みんな かわいい♡
食べちゃいたいっ♪ なんちゃって♥
オイオイ…
そのかわいがりぶりは…カンカン照りの日はもちろん…
日傘
ずらーっ
雨の日でも……
酸性雨にやられちゃう
真冬は…
あったかーい
ある風の強い日…
キャー!!!
ピーちゃんっ生きてる!?
鉢がゴミだらけに…!
そのために特注の「ザル」が各鉢にセットされました。
これで安心
わーい!!
オジさんにはナイショね…
バレると思うよ

オバさんはそれだけ言っただけ。

「ふ〜ん」

オジさんもそう言っただけ。暗黙の了解か？

ボクたちは、今では十六個になっているこの網のお陰で、風の強い日でもゴミだらけにならなくて済むし、ネコやカラス防止にもなって助かっているんだ。でもね、桜の花が散って葉桜になった頃、風邪の強い日など、花の萼《がく》や、もみじ、樫の木、竹の葉などの細かいゴミが飛んで来て、網の目を通ってしまうものもあるんだよ。それに、その頃には、うす緑色の青虫や、黒いイモ虫、シャクトリムシが木からぶら下がって落ちてくるんだ。そして時々、オバさんの頭や洋服の上を這《は》っていることがあるんだ。

この網もボクたちのエサ代も出資者はオジさんなんだから、オジさんも間接的にはボクたちの飼い主？なんだよね。

長老の死

　メダカの寿命は本によると一年四カ月ぐらいらしいが、大事に飼えば四年くらい生きるとも書いてある。数年前の話だが、五年目に突入したヤツが惜しくも天寿を全うしてあの世へ逝《い》っちまった。オバさんが〝長老〟と呼んでいた親分だった。

　四年目の子三匹と五年目に入る子一匹を入れた鉢があったが、その長老は、体は大きいがさすがに泳ぎ方はヨタヨタして大儀そうに泳ぐ。人間と同じで齢をとると足腰が弱るんだね。でも食欲だけはいつも旺盛だった。

　泳ぎ方だけを見ていると、やはり、もうそんなに長くはないなとオバさんは覚悟していた。そんなある日、突然、長老の姿がない。死体も浮いていない。……ということは、長老はひそかに水草の陰か岩の後ろで死を迎えたに違いない。可愛がられていたメダカは自分の亡骸《なきがら》を飼い主に見せないのだとオバさんは信じている。

オバさんは残った三匹を他の鉢の仲間と合流させればいいのに、何年生きるのか見届けたくて、三匹だけになってしまった〝四年もの〟を見守っていたが、結局、全滅してしまった。やっぱり四年が限界かもしれないな。オバさん、ギネスを狙っていたらしいが、無理だった。

メダカの葬式

オバさんはボクたちが死ぬと、大きい子でも、どんなに極小のチビメダカでも必ず庭の大きな岩の下や、ある決まった木の根元に埋葬してくれるんだ。そして必ずオバさんが言う台詞《セリフ》があるんだ。

「今度、生まれてくる時は、また、お母ちゃんの所へおいでよ。可愛がってあげるからな。成仏しろよ。南無阿弥陀仏、南無阿弥陀仏……」

と、念仏を十回（お十念）唱えて、その上に小石を置くんだよ。そうすると、ボクたちが成仏できるような気がするんだって。そして、オバさんも毎回それをやらないと、気が済まないんだって。もう小石がどれだけ並べられたことやら――。

アイコンタクト

特徴のはっきりしている子には、オバさんはあだ名を付けている。メダカ全体のことは〝ピーちゃん〟と呼ぶんだけれど。

〝長老〟〝片目のジャック〟〝目っくり玉〟〝ブチ〟〝白子〟〝白キチ〟〝黒ピー〟〝黒助〟〝チビ〟〝ピー助〟〝腹ボテ〟など。

腹ボテはオバさん自身じゃないの？

オバさんとの付き合いが長くなったヤツらは、オバさんとアイコンタクトができるんだ。水草の陰に隠れていてもオバさんが、

「黒ピー」

とか呼ぶと、さっとオバさんの前に姿を見せに行くんだぜ。オバさんにゴマをすって、点数あげるヤツがいるのさ。それとも単なる条件反射かな？

オバさんにしてみれば、そういうヤツは可愛いよな。若いヤツはまだビクビクしているところがあって、オバさんの仕草によっては、捕まって食われるのではないかと思っているらしい。主《ぬし》のようになっている親分たちは、オバさんからエサをじかにバラまいてもらって平気で食べているぜ。それと、怖いことを知らないチビたちも平気だぜ。

オバさんとアイコンタクトができるようになると、ぐっとオバさんのミ・コ・(注2)がよくなるよ。

ドジなミツバチ

睡蓮鉢が庭に十六個も並べてあると、夏などミツバチやスズメバチ

(注2) 尾張弁で「見込み」の意。「えこひいき」のこと。

が水を求めてやって来るし、ハエやカタツムリやいろいろなものがやって来る。

さすがスズメバチで溺れたヤツはいないが、ミツバチが溺れて二匹も死んでいたよ。ドジなミツバチさ。夢中で水を飲んでいるうちに足を滑らせて、羽根が濡れちゃったんだよね。

オバさんが助けてやろうと思ったら、もう死んでいたらしい。

カタツムリも落ちているヤツがいるし、イモ虫も底に沈んでいたり、ドジなヤツが結構いるもんだ。

アリに食い付かれた？

時々、小さいアリが、ボクたちのエサのこぼれたのを拾いに来るが、アリにもドジなヤツがいて、溺れたりするのもいるんだ。

エサかと思って食べようとしてエライ目に会ったヤツがいる。アリには気を付けろと先輩たちに言われているけれど、チビでまだ経験の少ないヤツが、知らずにパクリとやったところが、アリの方も必死だったので、メダカの口に食い付いたのさ。両者が七転八倒しているところへオバさんがやって来て、その光景を見て驚いたぜ。

「ダメ！　ダメ！　アリはダメよ！」

オバさんは柄杓《ひしゃく》でチビメダカを掬《すく》って、アリを離そうと、小さいピンセットとつま楊子を持って来た。取ろうとしたが、アリの方もメダカの口の所に噛み付いているらしく、なかなか離れない。

オバさんは本人、いや本魚を傷つけないように、つま楊子でアリを押えながら、ボクたちメダカが自分でバタバタ動く勢いで離れてくれないかと何度も試みた。何しろ、メダカ自体が小さくて六〜七ミリぐらいなので、バタバタする力も弱い。

苦労して、ようやくアリを取ることができた。チビメダカも、やっと自由の身になってホッとしたようにスイスイ泳ぎ出した。ボクたちも一時はどうなることかと心配した。もうアリはこりごりだ。オバさんはやれやれと思った途端、どっと疲れが出たそうな。

ふとん掛け

オバさんは、夏には鉢に日傘をさして水温が上がらないようにしてくれる。秋になって小寒《こ》くなると、夜は透明のビニールを被せてくれる。雨の日はもちろん、水が溢《あふ》れるのを防ぐためと、酸性雨が入らないようにするために傘をさしてくれるんだ。

冬になって零度や氷点下になりそうな時は、ふとんや毛布を被せてもらい、その上から自転車用のゴムひもで縛ってもらうのさ。真っ暗になってしまうけれど、寒くなくてありがたいのさ。メダカは下は零度ぐらいまでは大丈夫だし、夏は三四〜三五度ぐらいまでなら生きられると本には書いてあるらしい。オバさんはちょっと過保護だという噂が、オバさんのメダカ仲間の間であるらしいが、オバさんには内緒だよ。

以前に氷点下になって大雪が降った時など、ふとんごとすっぽり雪の中に埋まっていたこともあったんだよ。

大人のメダカは多少の寒さなら耐えられるかもしれないが、親が秋頃の遅い時期まで卵を産んだ時は、孵化《ふか》したばかりのたくさんのチビたちが冬を越せるかどうか、オバさんはとても心配しているよ。

ちょっとでも地厚のふとんをチビたちの鉢に優先的に被せる。その次がやはり白のいる鉢と、体の弱い子や病人のいる鉢。完全にえこひいきだけれど、一応、全部の鉢にまんべんなく二枚ずつ被せてくれるから、まあ、良しとするかな。

II

メダカ色の生活

絶滅の危機だって？

ボクたちは絶滅の危機だっていわれているらしいが、環境が良ければ冬から春になり、水がぬるんできた頃から、みんな一斉に卵を産み始めるんだ。最もよく産む水温は二五～二八℃なんだ。日照時間も産卵活動に大きく影響するよ。十四時間以上の日照時間だと最も活発に産卵を行うんだよ。

睡蓮鉢の中のホテイアオイは、どれもこれも卵だらけ。一匹のメダカが何回も産卵するんだよ。だけど、所々に白くなった卵があったりするが、それは受精してない無精卵だったり、何らかの理由で発生の途中で死んでしまった卵で、水生菌に寄生されて白くなってカビてしまったんだよ。これを見つけたら、早く取り除いた方がいいよ。

今、ボクたちが飼われている所ではどんどん子どもが増えて、

「どこが絶滅なの？」

ボクたちって絶滅の危機って言われてるらしいけど
メダカの住める川にしよう
オバさんちでは
また増えた!?
こっちも
オバさんちみたいに環境がよければどんどん増えるのさ
産卵してるとこ見てみたいわあ
朝4時頃見てみな
「見てみたい」といえばオス同士のケンカはしょっちゅうしてるんだけど…
キー
バン
キー
バン
このあいだメス同士でケンカしてるのを見てオバさんびっくりしてた。
あら!?
私が卵産むところよっ
バン
私よ
バン
ちょっとこのオスは私が狙ってんのよっ
バン
ちょっとアンタはどうなの!?
やだ!! 私が先よ!!
どっちなのよ!?
バン
バン
ホント
こども作ったりケンカしたりたいへんねー
勝手にしてちょーだい
はーよっこいしょ

オバさん、悲鳴をあげているよ。

ボクたちは種《しゅ》の保存のために生まれてきたようなものでというか、限られた水の中でエサを食べること以外やることないからね。

産卵は、早朝四時から五時頃に行うんだ。オスが背ビレと尻ビレでメスの体の尾の部分を抱きかかえるように包み込み、体を横から押し当てS字に曲げて、ヒレを震動させる。すると、その刺激でメスはオスと反対側に尾を曲げて、力《りき》んで卵を産むんだよ。

交尾中、隙《すき》を狙ってストーカーのオスが交尾を仕掛けるのも見られるよ。

オバさんは、その産卵場面(注3)を一度見てみたいと思っているらしいが、四時や五時ではまだ寝てるもんね。

オバさんは、メダカは一夫一婦制かな、一夫多妻かな？　それとも多夫多妻かな？　なんて素朴な疑問というか、ゲスの勘繰りをしているけれど、それは秘密だよ。

(注3) メダカの産卵場面を見るためには、以下のようにすると良い。メスをオスと交尾させないように、暗くなる直前に別々の容器に分けておき、翌日、明るくなってから一緒にする。すると、待ちかねたようにオスはメスと交尾し、産卵させる。

水の換え過ぎと水草の入れ過ぎはダメ！

睡蓮鉢の水換えは一週間から十日に一回するといいよ。でも、全部換えちゃあダメだよ。水温や水質が変わってしまうからね。全部換えた方が見た目はきれいになっていいみたいだけど、二分の一〜三分の一換えがいいよ。

大阪のメダカ仲間の山本さんという人が教えてくれたらしいんだけど、〝換えてもらわないストレス〟もあるけど、〝換えてもらうストレス〟もあるんだってよ。難しいもんだね。

また、オバさんは、同じように一週間から十日に一回は卵だらけのホテイアオイを、用意しておいたバケツやタライに移して、新しいホテイアオイを入れてくれるんだよ。でも入れ過ぎはダメ。たくさん入れ過ぎて、赤ちゃんメダカを全滅させてしまった人もいるんだ。

その理由を、愛媛のメダカ仲間の井上さんが説明してくれたらしいよ。

昼間は、炭酸ガスを吸って酸素を出すという光合成が行われるからいいんだけれど、夜はその逆で(注4)、酸素を吸って炭酸ガスを出すから酸欠になってしまうんだよ。だから、ホテイアオイは二つか三つまで。それに、ホテイアオイをいつも交換するのは大変だから、アクリル一〇〇パーセントの黒い毛糸を束ねたものや、シュロの木の繊維などを産卵床として沈めておいてもいいんだよ、と教えてくれたよ。愛媛の井上さんが黒い毛糸を束ねたものを作って送ってくれたこともあるんだって。これなら楽かもしれないね。いつもいつもホテイアオイを買いに行くのは大変だから……。でも、毎年、高知のメダカ仲間の前田さんが、たくさん送ってくれるので助かっているんだよ。

死期を悟る？

一人、いや一匹だけで単独行動を取っているヤツは、どこか具合の

(注4) 植物(ホテイアオイ)は、昼間も酸素を吸って炭酸ガスを出す「呼吸」は行っているものの、光合成により発生する酸素量の方が、呼吸により消費される酸素量よりも圧倒的に多いので、トータルでは、昼間は炭酸ガスを吸って、酸素を出しているだけのように見える。

悪い子だ。病気になっていたり、老衰で体が弱っていたりすると、一人でポツンとしていることが多い。あたかも、死期を悟ったかのように群から離れてじっとしているんだ。

そんな時、オバさんは何だかんだと声を掛けてくれるが、それもうっとうしい時もあるんだよ。

体が無傷でも、生まれてからある程度年月が経っていて元気のないのは、ご加齢から来るものらしい。そういう時は塩をパラパラとまいてくれるんだ。頭の上から塩をぶっ掛けられて、びっくりして逃げる時にちょっとパクッとやってみたら、辛いこと辛いこと。でも不思議と元気になれるよ。ナトリウムっていうものが体にいいのかな？　人間様でも塩分を摂《と》り過ぎると血圧が上がるとか言うけれど、時には塩分は必要なんだよ。

でも、体に水カビのようなものが生えたり、白いものができている子は、早期発見・早期治療なら完治する可能性はあるが、なかなか良くならないことが多いよ。

早期発見・早期治療

ボクたちには水温の変化と、水の汚れが大敵なんだ。脇腹やしっぽに近い所に、水カビみたいな白いものが生えたりする子が出てくるんだ。オバさんは本を読んで、治し方を研究しているよ。

体に水カビのようなものが生えたり、白いものが点々とできている子、ちょっと具合の悪そうな子を見つけると、少しでも治してやりたいとオバさんは思うらしく、必死にその子をネットで掬《すく》おうとする。だが、こっちも必死で逃げるんだ。別の入れ物に薬を入れ、

「イタイ、イタイを治してあげるからおいで！」

と呼んで、柄杓《ひしゃく》で掬《すく》って連れて行くんだ。追われてるヤツはだいたい雰囲気で分かるらしく、オバさんと目が合っただけで、ヤバイと思っ

てさっと隠れるんだ。

関係ないヤツは、オバさんの持っているネットが物珍しく、

「何やってるの？」

わざわざ入っていくヤツもいるんだけどね。

何しろ、少しでも傷があったり、皮膚《ひふ》に寄生して栄養を取る原生生物がたくさん付いたり、水カビが生えたりしたら、早目の治療が大切なのさ。だけど、一匹だけで、見たこともない薬浴用の睡蓮鉢に入れられると、寂しくて傷より精神的ショックから、そんなに重病でなくても、あっけなく逝《い》ってしまうヤツもいるのさ。オバさんは良かれと思ってやっているらしいが、本人いや本魚にとってはどちらがいいか分からないよな。二、三匹一緒なら我慢できるけど……。だから、オバさんは仲間を入れてくれる時もあるんだよ。

もちろん薬と塩が混ぜてあるので、浸《し》みること、浸みること。痛いのなんのって、たまらないぜ。

早期発見・早期治療なら完治する可能性はあるけど、なかなか良くならなくて、結局ダメなら、こんなことしないでみんなと同じ所で死なせてやった方が幸せかな？　いつもオバさんが迷うところである。もしオバさんがメダカだったら、みんな元気に泳ぎ回ってエサを食べているのに、自分だけ痛くて、苦しい思いをしているところを仲間に見られたくないと思うらしい。惨《みじ》めだもんね。だから一匹だけ別の容器に移すんだ。本当にどっちがいいのかなぁ。

ある日、薬浴中のメダカに、

「ピーちゃん、頑張れよ。イタイ、イタイが治るから……」

オバさんは声を掛けた。

それを聞いていたオジさんが、

「何がイタイ、イタイが治るだい。どんな病気でも治し方はいつも一緒じゃないか」

嫌味をチクリ。

確かに言われれば一言もない。「白点病《はくてんびょう》」も「エラ腐《ぐさ》れ病」も「水カビ病」も、オバさんにははっきり区別がつかないのさ。たいていは、〝メチレンブルー液〟に食塩を混ぜたものか、〝グリーンFゴールド〟に食塩を混ぜて使うが、どちらがどれに効くのか教えてほしいとオバさんはいつも思っている。

軽傷で生還でき、元の睡蓮鉢に戻ってきたヤツも何匹かいるが、薬石の効なく帰らぬ人、じゃなかった帰らぬメダカになっちまったヤツも多いのさ。オバさんは、「助けて！」と哀願するような目で見るメダカたちを何とかしてやりたいと思いながらも、死なせてしまう無念さを噛《か》みしめている。

やはり、人間様の世界と同じで早期発見・早期治療が大事なんだ。オバさんは今、真剣に病気の治し方をマスターしたいと思っているらしい。もしマスターできたら、本を出そうかななんて考えているらしいよ。

あ!!
ちょっとどうしたの?調子悪そうねえ
カビみたいなもの
そう、ボクたちは環境にビンカン。
水温の変化と水の汚れが大敵!!
まっててよ!!治したげるよ!!
ザバッ
ひー
でもこのネットで追いかけられると逃げちゃうんだよね。
病気のヤツは
しみるー
さみしー
メチレンブルー液+食塩
または
グリーンFゴールド
「この中に一匹で入れられるんだ。
大丈夫よピーちゃん
イタイイタイ治るよー
でもオバさんの治療は「白点病」も「エラ腐れ病」も「水カビ病」もいっしょなんだけどね。
まいっか

『素人にも飼えるメダカ』『楽しいメダカの飼い方』『ハウ・ツー・メダカ』『メダカ何でも早わかり』などなど……。ちょっとインパクト弱いかな。

さあ、オバさんがメダカの専門書を出版できる日はいつだろう。

メダカの喧嘩と恋愛論

オバさんによく叱られるのは、オスとオスが体を押し当て合って互いにSの字に体をくねらせて、平行に並んで威嚇《いかく》し合っている時なんだ。

「また喧嘩してるの？　喧嘩なんかしてないで、ごはん食べなさい！」

オバさんはエサをまいてくれるんだけれど、そんな時はエサどころじゃない。オス同士がボスの座をめぐっての真剣勝負なのだ。ボスの座を獲得すれば、その睡蓮鉢の中で君臨できるからな。ハーレムも夢ではなくなる。

オスがオスを追っ払ったり、オスがメスを追っかけていったり、このボクたちの世界もなかなか、ややこしいんだ。弱い方が逃げていき、水草の陰に隠れたら、もうその先までは追っかけてはいかない。そこは埒外《らちがい》の世界だから、それ以上は追わないのがルールなのさ。

いつもオスがメスを追いかけるのかと思うと、そうじゃないんだよ。追っかけてくる気の強いメスもいるんだ。人間と同じでね。メダカの世界でも積極的な女がいるんだ。気に入ったオスには早くアプローチをかけないと、ほかのメスに取られちゃうからね。でも、イヤなら相手にしなきゃいいんだ。

オバさんは、メス同士は喧嘩などしないと思っていたらしいが、この間メス同士のいがみ合いを見て驚いていたよ。それは産卵する場所の取り合いだった。いわゆる陣取り合戦さ。

「ここは私が卵を産もうと思ってる所だから、あんた、あっちで産みなさいよ」

寄ってくるメスをもう一方のメスが、

「うるさいわね！　あっちへ行ってよ。しつこいわね！」

って追っ払うんだ。

誰だって、自分の子孫は安全で気に入った場所で産みたいからね。

この間もメス同士でつつき合いをしていた。その時は二匹のメスと一匹のオスの三角関係のもつれだった。気に入ったメスを追いかけているオスがいて、カップル誕生かと思いきや、もう一匹のメスが、

「このイケメン、私のタイプなのよ」

オスを追いかけるが無視されて、

「私はあんたの子が産みたいの」

三匹はくるくると追いかけっこをしていたが、なかなか決着がつかず、見ていたオバさんもあきらめて行ってしまった。

できちゃった婚

親の若い頃に生まれた子は色も濃く丈夫な子が多いが、親の晩年の頃に生まれた子は親が産み疲れているせいか色も薄い子になり、体も弱々しくて存在感がない。

ボクたちヒメダカは大人になるとみんな橙色《だいだい》になるんだ。白メダカの赤ちゃんは赤ちゃんの時から、体全体が白っぽい。黒メダカの赤ちゃんは、赤ちゃんの時から黒々していてヒメダカや白メダカとは、はっきり区別が付くので面白い。DNAって、本当にすごいね。

四カ月くらい経つと、体の大きさが二・五センチから三センチになる。

ある日オバさんがボクたちの睡蓮鉢を覗《のぞ》き込んで、ぶったまげた。

「あれ、あんたたち、もう卵産んじゃったの？　いつ産んだのよ。きのうまでは卵なかったのに……」

実は、〝できちゃった婚〟なんだ。できちゃった婚は人間と同じで、メダカ界でもいま流行なんだ。

まだ、体長もそんなに大きくなく、人間でいうと中学生か高校一年生ぐらいかな。お尻に卵をぶら下げて泳いでいる小さいメスを見て、

「お前、レイプされちゃったのか？」

オバさんは品の悪いことを言ってたけれど、ボクたち、レイプなんかしてないよ。ちゃんと、合意の上だから——。

お尻にぶら下げていた卵も、上手に水草の根っこにくっつけることができた。お母ちゃんに教えてもらったわけじゃないけれど、やってみたらうまくやれたよ。

ボクたち〝中子《ちゅう》ども〟は、食欲もすごくあるんだ。とってもお腹が空《す》くんだ。何しろ、成長盛りだからね。食べても食べてもお腹が空いて、絶えずウロウロ、ウロウロエサを捜し回ってるんだ。

そんな時は、ゴミまでエサに見えちゃうよ。だけど、パクッと口に入れてみると、ゴミの時はちゃんと分かるから、プイッと吐き出すんだ。

でも、オバさんはあわてて、

「ダメ！　ダメ！　それはゴミだから！」

と大声で叫ぶんだ。ボクたちにはちゃ〜んと分かるから大丈夫だよ。

「たくさん食べて、早く大きくなるんだよ」

オバさんはいつもそう言ってくれる。

恋の季節

寒い冬の間は水も冷たいので、ボクたちは活発には動き回らないからお腹もあまり空《す》かないんだよ。だから恋をする元気もないんだ。だけど、三月終わり頃から四月頃になると、水もぬるんできて、いよいよボクたちの恋の季節がやって来る。

冬の間に、良さそうな子に目星を付けておくんだ。食欲もわいて元気が出てきたら、気の合いそうな子にそっと言い寄ってみるのさ。ダメ元でね。冬の間は品定めの時期なのさ。性格もよく見ておかなくっちゃ。大切な子孫を残すためにね。

春になると、どのメダカも恋をするんだ。春から夏にかけてはどんどん産卵して、やがて孵化《ふか》して仲間がいっぱい増えていくんだよ。けれど、秋が暖かかったり、親が好き者だったり、絶倫型だったりすると、九月の終わり頃まで産卵するので十月初めに孵化するような子が出てくるんだ。そうすると、その子たちは冬を越すまでになかなか大きくなれなくて、オバさん苦労するんだ。

一年前は小さな睡蓮鉢にチビを入れ、居間に持ち込んで育ててくれたんだ。いつの間にか一匹ずつ死んでしまって、最後は三匹になっちゃった。その中の一匹は少し大きかったけれど、あとの二匹は小さくて、オバさんは死なせないように室内でも夜は毛布を被せてくれたんだ。お陰で三匹は何とか冬を越すことができたよ。

そして三月の小春日和の暖かい日に、外の睡蓮鉢に〝睡蓮鉢デビュー〃したんだ。

前からいるお兄ちゃんやお姉ちゃんたちとは、体の大きさもずいぶん違うけど、もう共食いされたりしないくらいの大きさにはなっていたんだ。体は小さいし新参者だからといって、大きいヤツに舐《な》められるといけないので、

「チビでも強いんだぞ！」

と、初めに威嚇して、大きいヤツを追っぱらってやったんだ。

それからは一目置かれるようになって、堂々とエサも食べることができるようになったのさ。何事も最初が肝心だよね。

性格の違い

同じ室内で飼われて最後まで生き残った三匹のうちでも大きい一匹は普通のヒメダカの色だけれど、あとの小さめの二匹はヒメダカでも

背中や頭の所に黒色が混じっているブチなんだ。それでも同じ親から生まれた兄弟だったんだけどね。

お兄ちゃんは少し体も大きくて勇敢で、オバさんがエサをくれると大胆にもすぐにパクパクと食べに行くので、体もすぐに大きくなれた。そこまではいわゆる勝ち組だったのさ。

もう一匹のチビは臆病者で、すぐにエサも食べに行かずビクビクしている。一つ食べると、すぐに水草の陰に隠れるんだ。だけどさ、分からないもので、そのよくエサを食べていた勝ち組のお兄ちゃんがエサの食べ過ぎからか、若くしてある日、ポックリ死んじゃったのさ。だから、必ずしも食欲があり過ぎて元気だからって、長生きできるわけではなさそうだ。

またその頃、同じ睡蓮鉢で特別よくエサを食べていた別の二匹も同時にポックリ逝《い》ってしまったのさ。負け組だと思っていたチビの方が生き残っているんだ。皮肉だね。

縄張り争い

野生動物の世界では命懸けの縄張り争いがあるらしいが、ボクたちのような睡蓮鉢の中の狭い世界でも、縄張り争いはあるんだ。それぞれに好きな場所があって、水草の薄暗い陰にじっとしていることが好きなちょっとネクラなヤツもいるし、よく陽の当たる所が好きなヤツもいる。大体、いつも同じヤツが同じ所にいることが多いんだ。居心地がいいんだよね。

ほかのヤツがそこへ行くと、

「来るな！　あっちへ行け！」

って追っぱらわれてしまうんだ。だけど、気の合うヤツなら追っぱらったりしないで、一緒にいることもあるんだ。しかも大きいヤツと小さいヤツがセットになっていたりして……。

メダカの世界でも相性っていうか、波長の合うヤツと合わないヤツがいるもんだ。

ヒメダカの独白

ボクたちは共食いという悲しい習性があって、親でも子どもを食ってしまうし、兄弟姉妹でも小さいヤツを食ってしまうんだ。自分が生きるために仕方がないんだけれどね。だから、オバさんの家で飼われている赤・白・黒のメダカは小さいうちは色別ではなく、大きさ別に分けられているんだ。いわゆる雑居状態なのさ。

オバさんちでは四年もの・三年ものというふうに年代別や、大きい子は赤・白・黒と色別で分けられていて、しかも親と子は同じ鉢には入れないので、鉢の数はどんどん、どんどん増えて今、全部で十六個もあるんだよ。

ヒメダカと白メダカが半々ぐらいの割合で入れられていて、〝合同カ

メ〟と呼ばれていた鉢があったんだ。ある日、その中の白メダカが二匹もあの世へ逝ってしまった時、オバさんは、

「白が死んじゃったの？　ヒメダカだったら、いっぱいいるから良かったのに……」

これって、完全な差別じゃない？　えこひいきだよね。屈辱的！

でも仕方ないか、白は睡蓮鉢の中でもよく目立って、華があるもんな。オバさんのえこひいきも分からなくはないけど……。

考えてみると、白メダカを飼い始めてからボクたちの待遇が少し悪くなったみたいな気がするナ。

黒メダカの独白

ボクたちは、エサを貰《もら》う順序はいつも最後なんだよ。

最初は極小メダカたち。二番目は白メダカ。白メダカはいつも待遇

がいい。でも仕方ないか、白メダカのように見栄えしないもんな。赤・白・黒の中で一番目立たないのがオレたちだもんな。オバさんも、じっと目を凝らさないとオレたちいるかいないか分からないよな。割が悪いよ。でも、天敵に見つかりにくいから安心だよ。

新聞などで絶滅危惧種といわれているのは、オレたちのことなのにさー。もっと大事にしてもらえるかと思っていたのに……。

それに、白メダカはヒメダカほどたくさん卵も産まないから、数も無茶苦茶には増えないんだ。オレたち黒メダカはまあまあの繁殖力だけど……。

順番は遅いが必ず平等にエサもくれるし、水も換えてもらえるから、まあ、良しとしなければいけないよな。

ピンクのメダカ

ヒメダカというのは、そもそも黒メダカの突然変異から生まれたんだけれど、そのヒメダカ同士の子どもでも〝白化《はっか》（アルビニスム）〟という現象があって、時々、白子メダカ（アルビノ）が出ることがあるんだよ。これは、全身に黒い色素ができない白子〝アルビノ〟なんだけど、これと違って体の表面にだけ黒い色素とオレンジの色素ができない白いメダカも生まれることがあるんだ。アルビノでない白メダカは、眼やお腹の中の壁（腹腔壁）には黒い色素ができるので、そこが黒いんだって。

メダカの専門家の岩松先生に聞いたら、皮膚《ひふ》にだけ黒い色素を作れない白メダカとオレンジ色メダカを緋《ひ》色のメダカ、ヒメダカと言っているんだって。

確実に白メダカを生まれさせるには、白だけを入れた睡蓮鉢の中で、純系交配しないと白は出ないんだ。ヒメダカと黒メダカを掛け合わせると、「メンデルの法則」とやらで、一代目である子どもは黒ばかりで、その子ども同士の子ども（孫）は黒と赤が三対一の割合で黒メダカが多く生まれ、黒が優性らしいんだ。これはオバさんが実験したわけではないんだけれど……。

赤と赤は赤。たまに白が出ることも。黒と黒は黒。白と白は白。赤と白では赤と白が出たがその割合は？　白と黒はどうなる？

赤と白では、白に対して赤が優性で三対一。白と黒では、黒が優性だから、全て黒らしいよ。これも岩松先生が教えてくれたんだって。

オバさん一度、実験してみたいらしいが、そのうちにやるのかな？　だけど、それぞれのメダカが異なるＤＮＡを持っているし、生態系を壊すことになるのではないかと迷っている。

オバさんちのオレンジ色のメダカと白いメダカが混ざっている〝合同カメ〟で、一匹だけピンクの子が出たんだよ。それはたぶん、白と

オバさんちにはヒメダカ黒メダカ白メダカが主に住んでる。
この中で一番オバさんにひいきされてるのは白メダカ
だって美しいもの
白が死んじゃったときに
ヒメダカだったらいっぱいいるからよかったのにー
ひどーい
まボクたち繁殖力強いけどもー
ヒメダカはまだいいよ…
黒メダカ
ヒメダカ
オレたちって絶滅危惧種って言われてんのに
オバさんたら「目立たない」って理由でエサはいつも最後さ
オバさんは大きいメダカは色別で鉢を分けてるんだけど…
白メダカ
ヒメダカ(赤)
黒メダカ
白+ヒメダカ
赤ちゃんのときはみんな同じ鉢なんだ。
ときどきオレンジ(ヒメダカ)だか黒だかわからないややこしい子が生まれるから
この子はどの色のチームに入れたらいいのかしら?
頭が混乱してるんだって。

赤が恋をして生まれた子どもだと思うが……。

ヒメダカほどオレンジ色ではなく、白メダカほど白くなく、ちょうど透き通ったようなピンクなんだ。たった一匹だったが、その子は案外短命で早く死んじゃったよ。だから、ピンクの子は残念だけど今は一匹もいない。オレンジ色メダカと白メダカが恋をすることがあるということだけは証明されたんだけどね。

ややこしい色の子が生まれた！

オバさんがメダカを飼い始めたのは平成十三年だからもう十二年になるが、初めの頃はヒメダカ同士の子は、オレンジ色ばかりだった。濃いオレンジ色の子もいたし、やや肌色っぽいオレンジの子もいた。中にはオレンジに金粉の混じったような子もいたが、去年ぐらいからオレンジ色に黒が混じった子が生まれるようになったんだ。

黒が少しだけなら愛嬌もあるが、オレンジと黒が半々に混じっていて、見栄えの悪いややこしい色の子が出るようになったのさ。

春になったらオバさんは色別に分けようと思っているらしいが、その子たちは赤に入れるか黒の方に入れようか迷っているらしいよ。これからは、だんだんブチの子が増えてくるかもしれないね。

だけど考えてみると、赤と黒が一緒に入れられたことはないから、赤と赤の子どもでブチが出たということは、どういうことかな?

赤はもともと黒の突然変異から生まれたんだから、黒に戻っていく?

そんなこともあるのかな?

オバさんは頭が混乱してきたらしいよ。

片目のジャック

ボクたちの先祖というか初代は、最初、オバさんちの庭の手水鉢《ちょうずばち》でボウフラ退治用として飼われたんだ。

その後、本格的に睡蓮鉢で飼われるようになって二年目頃には、よく奇形児が生まれたらしい。しっぽがチリチリに曲がってしまっている子・背骨が湾曲している子などがよく生まれた。見ていても気の毒になるくらいの仲間がいっぱいいたが、最近はしっぽの曲がっているようなヤツは一匹ぐらいしか見かけないな。

近親結婚のせいもあるだろうが、それはたぶん、オバさんの卵の扱い方が悪かったのではないかと思うんだ。

最近ではオバさんもベテラン（?）になって、卵の扱いも上手くなった。できるだけ卵には直接触れないで、卵の産み付けられた水草をそのままバケツやタライにそっと入れて、孵化《ふか》させれば大丈夫のようだ。

だが、時々、鉢の底に落ちていたり、鉢の縁《へり》に付いた卵を手で採ったりした時の扱いが悪いと、奇形になるのかもしれない。

でもオバさんは、そういうハンディのある子には、エサが食べやす

オバさんちの睡蓮鉢で飼われてた最初の頃のメダカからはよく奇形児が生まれたらしい。
↑しっぽがチリチリだったり
←骨がまがってたり
でもオバさんは調子の悪いヤツや奇形の子にとても気を使ってくれるんだ。
エサの時間よー
あら片目のジャック
ほらほらエサはこっちよ
あった…
ありがとう
あ…この子調子悪いわ
↑単独行動してるヤツ
スイスイ
そんなときは…
ほれこれ食べて元気になって
ありがとう
↑塩
鉢に油が浮いてるときは誰かが死んだとき…
ぼわ
あ〜〜あ気をつけてたのにダメだったのねぇー
はあー徒労だわ…
オバさんごめんねー
なに？トロウってなに？

いように目の前にまいて、特に配慮してやっていたけれど、ボクたちもそれはえこひいきだなんて嫉妬しなかったよ。だって、可哀想だもんな。

時々、片目がなかったり、左右対称になってなくて目が陥没《かんぼつ》しているヤツもいて、オバさんは〝片目のジャック〟なんて呼んでいたよ。だけど、そういう子は結局、長くは生きられなくて知らないうちに姿を消してしまうんだ。自然淘汰ってやつかなぁ？　しっぽが曲がっていたり、ちぢれたりしているだけの子は結構、長く生きられるよ。命には別条なしというところ。五体満足で生まれてこられたら、これ以上、贅沢《ぜいたく》を言っちゃあいけないナ。

鉢が全滅しそう

白と赤が同居していた〝合同カメ〟で一匹か二匹ずつ死者が出て、

オバさんも頭を悩ませていたことがあった。

大量に死者が出るわけではないので緊迫感はなかった。しかも、「水カビ病」とか「尾ぐされ病」なんかではなく、突然死のような死に方だ。病気発生なら一大事。鉢全体に薬を入れて消毒しなければならないし、水草も全部取り除かなければならないんだ。薬の瓶にそう書いてあるらしいんだ。水草に薬が付くと枯れるのかな?

それに鉢のまわりの藻に産み付けられている卵も取らなければならないので面倒なんだ。ぐずぐずしているうちに、徐々に一匹ずつ死んでいって、二十五匹ぐらいいたのが、ついに六匹になっちゃった。さあ大変。

オバさん、その六匹をどうしても助けてやりたいと思ったらしい。何にも知らずに無邪気に遊んでいるボクたちを見て、不憫だったそうな。〝メチレンブルー〟という薬を少し入れ、塩も少々加えた別の鉢に移すことにしたんだ。

いざ、その六匹を掬《すく》おうとしたら、みんな必死に逃げる、逃げる。オバさんの持って来たネットを飛び越えて逃げたんだ。オバさんはむきになって、ネットで掬おうとする。

「あんたたちのためだから！」

「病気予防をしてあげるから！」

そのうち、オバさんはあまり分からず屋の子に腹を立てて追いまくった。

結局、ヒメダカのオスが最後まで頑張った。とうとう捕まった時オバさんは、

「お前、よく頑張ったな。お利口だ」

と褒《ほ》めてくれた。掬えなかった時は怒っていたくせに、逃げ回った功績は褒めてくれた。面白いね。

オバさんの倫理観

オバさん、とっても効率の悪いことをやってるんだよ。黒メダカでも白メダカでも親子は絶対、一緒に入れないんだ。

親と子で子孫を作るような行為をさせてはいけないっていうのがオバさんの考えだ。これがオバさんの最低限の倫理観のようだ。兄弟や姉妹・いとこ同士はこの世界ではやむを得ないが、親子の近親相姦は御法度である。春にはいよいよ、色分け作業が始まるらしいが、親子のご対面は許されないんだ。だからボクたちは、お父ちゃんやお母ちゃんに会ったことがないんだよ。

オバさんは色分けにこだわるけど、ボクたち赤・白・黒みんな冬の間に仲良しになっちゃったから、このままでもいいんだけどなぁ……。

不吉な予感

睡蓮鉢の水に、たまに油が浮いていることがあるんだ。オバさんも最初は何だろうと首を傾げていたが、そんな時は要注意なんだ。油が浮いている時は、たいてい誰か死んだヤツがいる時なんだ。ボクたちも小さいながらも一応、魚だからね。内臓には油があって、それが出てくるらしいんだ。よく捜すと、底の方に沈んでいたりするのさ。

死者が出た時や病人が出た時、オバさんガックリするらしいよ。だから油を見ると、オバさん不吉な予感で気が滅入《めい》ってしまうみたい。この間なんか「徒労だなぁ」なんてポツンと言ってたけど、「トロウ」って何だろう？

ボクたちには意味が分からないけど、イヤなことでなければいいなぁ……。

食欲ないよ〜

冬になって寒くなってくると、ボクたちは動きも鈍くなって、あまり泳ぎ回らないんだ。だって水が冷たくってさ。じっとしてないと寒さが身にこたえるんだ。なるべくエネルギーの無駄な消費をしないようにしているのさ。

だけど、オバさんはほとんど毎日、少しずつでもエサをくれるんだ。だから、ボクたちもせっかくくれるんで食べないと悪いと思って、一つ二つと食べるんだ。山のクマやリスたちのように冬眠してしまって、まるっきり食べないというわけじゃないんだ。本当は体温も低いから消化も悪いし、あまり動かないから腹も減らないんだよ。

翌日、オバさんは睡蓮鉢を覗《のぞ》き込んで、

「なんだ、食べてないの？　せっかくあげたのに……」

食べてないとガッカリするんだ。夏のようにペロリと平らげてあると嬉しいんだって。

オバさんは食べ残したエサを掬《すく》って捨て、汲み置きした新しい水を追加して、また、性懲《こ》りもなくエサをバラまくんだ。

ボクたちがまた、義理で少しだけ食べると、

「きのうのエサでも寒い時は悪くなってないから、食べればいいのに……」

ブツブツ言ってるけど、ボクたちは宵越《よいご》しのエサは食べないことにしているんだ。古いものを食べるとやっぱり不味《まず》いし、腹をこわすといけないもんな。でも、どうしても食べなきゃならない時は、贅沢《ぜいたく》は言えないから恐る恐る食べるんだけど……。

ふとん大好きイモ虫君

冬の夜、ボクたちの鉢にオバさんがふとんや毛布を被せてくれるだ

ろう。ボクたちは冷たい風に吹きさらされなくてありがたいと思ってるけど、他にもふとんが大好きなヤツがいるらしいんだ。何だと思う？オバさんが朝、ふとんを畳んでしまおうとすると、何と内側に茶色のイモ虫がくっついていたのさ。毛の生えてないツルっとした、触るとヒヤッと冷たそうなヤツさ。気持ちの悪いこと！

オバさんはすぐに振り落としてふとんを片付けるんだけれど、いつも不思議に思ってるよ。

何でここにふとんというものがあると分かったのか？

そして、そこに入り込むと寒さがしのげるということを、どうして知ったんだろう？

イモ虫仲間で情報交換してるのかな？

イモ虫君に聞くわけにもいかず、オバさんはいつも不思議がってるよ。やはり、動物の勘？　生きる知恵かな？　賢いね。

ただ今、昼寝中だよ～ん

ある暖かい春の昼下がり、オバさんがエサをくれるためにゴミよけの網を開けて、エサをバラまいてくれた時、ボクたちは睡蓮鉢の縁《へり》の所でボーッとしていたんだ。オバさんはボクたちが死んでいるのかと心配して、水草を揺らしたんだ。ボクたちがあわてて水中に潜っていったら、オバさんは、

「お前たち、寝ぼけていたのか？」

だって！　ひどいよな。確かに寝ぼけていたんだけど……。水がぬるんできて、ボーッと考えごとするにはとっても気持ちよくってね。特に春の昼寝は最高。うちのオバさん、まったく口が悪いんだから。でも根はいい人なんだよ。

ところでメダカが寝るって知ってた？　夜も暗くなると、ボクたちは寝るんだよ。夜明けに産卵もしなきゃいけないから、睡眠不足にな

らないように気を付けてるんだ。睡眠不足になった日は昼寝をしてちゃ〜んと補っているんだよ。

懐中電灯の下でのごはん

うちのオバさん、午前中はなかなかエンジンがかからない人で、ボクたちは朝というか昼頃までにはごはん欲しいのに、なかなか貰《もら》えないこともあるんだ。夕方になってから、ようやくエサをくれる頃には薄暗くなってるよ。いつもではないけどね。

昔は……、といってもオバさんがボクたちを飼い始めて数年はボクたちに関心が高かったので、朝晩ごはんをくれたし、多い時は朝昼晩なんていう時もあったナァ〜。最近ではごはんの時間が待ち遠しくてねぇ。

薄暗くなってからエサを貰《もら》う時で、昼間ほど勢いよくエサを食べな

かったら、オバさんは、

「あんたたち、鳥目か?」

なんて言うんだよ。メダカに向かって鳥目か、はないだろう。ボクたちは夜も見えるから大丈夫なんだけど、面白いこと言うだろう?

近頃、オバさんはゴミよけの網の上に懐中電灯を立てて置いてくれるんだ。そうすれば、もっとよく見えるけどさ。オジさんが帰ってきてそれを見ると、

「お前は何をやってるんだ。自然界にいるメダカには懐中電灯なんかないゾ!」

オバさんは、オジさんに怒られるので、オジさんが帰ってきそうになると、急いで懐中電灯を回収するんだよ。ところが、オジさんが思ったより早く帰宅しちゃう時があって、オバさんは、シマッタ!と思うが後の祭さ。

そんな時は玄関の上がり框《かまち》に懐中電灯がズラリと並べてあるんだっ

て！　ヤバイよね。

でもオジさんだって、いいとこあるんだよ。冬にオバさんが旅行に出かけた時、

「悪いんだけど、夜、メダカにふとん掛けてやってね」

ってオジさんに頼んだのさ。オジさんは面倒くさそうに、

「メダカにふとんかよ！」

オバさんはオジさんがそんな言い方してても、きっとやってくれるだろうと信じていた。夜遅くオジさんからメールが届いて、

「今、ふとん掛けてメダカ寝かせたよ。安心して楽しんでこい」

いいとこあるじゃない、オジさん！

メタボ合戦

オバさんはボクたちを見て、

「あんたたちメタボだね。そんなにエサ食べるとデブになるよ！」

よくそんなこと、言うよな。

「自分のメタボを棚にあげて何言ってんの？」

思い切って言い返しちゃった！

だけどさ、メタボなら見た目が悪いだけでいいけど、この間なんか、オバさんがごはんくれると恐れることなくいつも真っ先に上の方に泳いでいってパクパク食べていたヤツが、ある日ポックリ逝《い》っちまったんだ。

「あいつ、ちょっと食べ過ぎじゃないか。もう少し自制心を持たなきゃ……」

とみんなで言ってた矢先だったんだ。やっぱり食べ過ぎは早死にの元だね。食いしん坊もほどほどにしておかないとダメだよと、オバさんに注意したところさ！　お互いにメタボには気を付けようぜ！

高級メダカ

オバさんは見なかったらしいが、先日テレビで一匹、一万五〇〇〇円もするものとか、十二万円もするメダカのことをやっていたと、友人から情報が入ったらしい。

十二万円は無理としても、一万五〇〇〇円なら買えなくもない。どんなメダカか、オバさんは見るだけでも見てみたいようだ。

犬や猫でも血統書付きとかあるけれど、そんなものにこだわるつもりはないらしい。どんな雑種でもオバさんの家で生まれて育った子は、そこが自分の家だと思って安心して暮らしているんだ。ボクたちは、オバさんを自分のお母ちゃんだと思って信じて生きているんだ。よもや、オバさんが高級メダカに目が眩《くら》んで、ボクたち雑種を始末しようなんて考えないでね。オバさんお願いよ！　ボクたちの命、オバさんに預けてるんだから……。

Ⅲ

オバさんのメダカ白書

天敵のカマキリに気を付けろ！

メダカの天敵がカマキリだなんて知ってた？　カマキリは姿が気持ち悪いので、オバさんはもともと大嫌いらしいが、カマキリがメダカを捕まえて食べるなんて信じられないだろ？　オバさんも実際に食べてる現場を見たことはないらしいが、ホテイアオイの上で、じっと、水面に上がってくるメダカを狙っている姿は何度も見かけたんだって。

ある日、オバさんは睡蓮鉢の所にいた大きなカマキリを見つけ、やっつけようとしたら捕まえたメダカをポトリと落として逃げていったのさ。見ると頭だけが既にやられていたんだ。それ以来、オバさんはカマキリを見つけると、棒や箒《ほうき》でカマキリを叩いてやるのさ。でも、完全に殺してしまうのもなぁ……と思って、オバさんは二度とメダカを獲《と》りには来られないほど痛めつけるんだって。

そうしてカマキリの反省を促すんだが、カマキリにはあまり学習能力がないらしく、また性懲《しょうこ》りもなくやって来るんだって。

　ボクたちもボケボケしてるとパクッとやられてしまうから、エサを食べながら上目づかいで水草の上にカマキリはいないか見るんだよ。緑色をしていて保護色だから、目立ちにくいんだ。

　カマキリの中には何も悪いことをしていなくて、近くを歩いていただけなのに濡れ衣を着せられて、無実なのにこっぴどく叩かれたヤツもいるらしいよ。

　カマキリの赤ちゃんは案外、可愛くて、チョコマカ、チョコマカ歩いているとやっつける気にはなれないそうだ。でもそれが大きくなると怖いカマキリになるので、最近ではオバさん、泡を固めたような卵を見つけては取り除き、ビニール袋に入れて捨てているんだ。そうすればイヤな思いをしなくて済むもんな。

　カマキリ界から見れば、だいぶ子孫が減ることになるよね。どこの世界も生き残っていくのは、なかなか厳しいね。

水辺をめぐる小さな生き物たち

睡蓮鉢の中には、メダカと共存している生き物がいるんだよ。まずヒル。これは特に悪いことはしないが、小石の間にいたり、水草の裏側にくっついていたり、ニョロニョロと気持ち悪いんだ。生きているメダカには悪さはしないが、死んだ仲間がいると、ちゃっかりと内臓を食べに体の中に入り込むんだぜ。オバさんは見つけ次第、ピンセットで掴《つか》んでやっつけてくれるが、イヤなヤツさ。

もう一種類はサカマキガイとかモノアラガイとかいって黒っぽいタニシのような巻貝が鉢の縁《へり》や水草の間にいっぱいくっつくんだ。ドロドロの寒天のような卵を産み、やがてそれに白い点々ができてくるんだ。オバさんは、それをせっせと退治しているが、繁殖力が旺盛ですぐに増えちゃうよ。これは根気よく取り除くしかないと、メダカ業界の本に書いてあったらしい。

まとめて捕獲するには、長い糸の先に結んだカマボコの小片を前の晩に底に沈めておくと、かなりたくさんの巻貝がカマボコにたかってくれるので、まとめて獲《と》れるらしい。オバさんも一度やってみようかしらと言っているよ。特に害はないが、死んだボクたちの仲間がいると体にくっついて食べているんだよ。全くイヤになっちゃう共存者さ。

それと、まだいた！　それはトンボの子ども、ヤゴ。これは天敵だね。全ての睡蓮鉢にいるわけじゃなくて、一つの鉢だけなんだけど、こいつが、ボクたちメダカの卵を食べるんだ。オバさんの知らないうちに住みついていたので、オバさんもびっくり。少し大きいヤツから小さいヤツまでいっぱい増えちゃった。

オバさんはトンボも好きだから、退治するのは心痛むことなんだって。だから最初のうちは、睡蓮が植えてある鉢に、ピンセットでつまんで移していたんだけど、だんだん面倒になってきて、最近では無慈悲にも退治してるという感じだよ。かわいいボクたちのために、オバさん、心を鬼にしているのさ。

トンボの卵は、たぶんホテイアオイにくっついてやって来たと思うんだ。だからオバさん、お願いだから新しいホテイアオイを入れる時には、よ〜く洗ってから入れてね。

本当は、メダカもヤゴも仏教でいう「共生《ともいき》」、いわゆる「共存」ができるといいのになぁ。そんな理想郷があるといいね。

夏になると、オバさんが水換えをしている時、スズメバチがやって来てオバさんの頭の辺りをブンブン飛び回るので、オバさんもビクビクしながらの作業なんだ。ヒルや巻貝なら毒を持ってないが、スズメバチは怖いから、オバさん、やられないように黒っぽい帽子や服はやめた方がいいよ。スズメバチは黒いものを攻撃するらしいからね。ボクたちからの忠告です。

ボクたちを狙うヤツら…
それはカマキリ!!
シャキン
シャキン
ヒヒヒ…
コラやってボクたちを狙ってるんだ。
ひ
こらあ
ぶんっ
ぶんっ
でもオバさんがいつも退治してくれる。
うちの子になんかしたらしょうちしないよっ
ひーっ
他にはヒル。
死がいの内臓食べてたりするし…
何もしないけどちょっときもち悪い…。
こいつも退治してくれる。
こらっ
そしてサカマキガイとモノアラガイ
こいつらはすぐ増えるからやっかいらしい。
そしてスズメバチ。
こいつはオバさんの天敵。
ぶーーん
キャーっ
オバさん気をつけて

メダカ学会

世の中には「メダカ学会」っていうのがあるらしいけど、みんな知ってる？　うちのオバさん二つも入ってるんだよ。一つは「日本めだかトラスト協会」っていうやつで、もう一つは「宇宙メダカ研究会」ってやつなんだよ。

「日本めだかトラスト協会」っていうのは、〝メダカは環境のバロメーター〟をスローガンに、メダカの住めるような川や池などの環境を作りましょうという趣旨の会なんだ。これら二つの会は毎年各地で開催されていて、全国のメダカバカ、いや愛好家たちが二〇〇人ぐらい集まったりするんだ。二つの会が合同でやったりもするんだよ。

田舎育ちのオバさんは、子どもの頃に母親とハイキングに出かけた時、ネコヤナギが生い茂る、春の小川のせせらぎの中にメダカを見つけ、裸足になって親子で夢中になって追いかけた懐かしい日々が忘れられないらしい。そんな「メダカのいる日本の原風景」が大好きなんだって。そして、そんな風景を残していこうという活動には参加したいと思っているんだよ。

オバさんが「メダカ学会」に誘われて最初に参加したのは、ちょうど名古屋の東山動物園内で行われた時だった。懇親会のパーティーの席で隣に居合わせた人が、

「お宅のメダカ、国籍しっかりしてますか？」

聞かれたオバさんはビックリ！

「国籍なんて？」

メダカの〈国籍〉っていうのは、広島なら〝広島メダカを育てる会〟とか、神奈川県藤沢市の〝藤沢メダカの学校をつくる会〟、鹿児島の〝メダカの学校かごしま〟などがあって、生粋《きっすい》の地元のメダカのＤＮＡを保存していこうという考えから生まれたものらしい。地域、地域でＤＮＡが違うんだって。難しいね。名古屋ならとりあえず〝名古屋生

まれの名古屋育ち〟、〝天白川生まれの天白川育ち〟っていうところかな？

でも今オバさんちにいるボクたちは、どこ生まれって聞かれても分からないよ。でもうちのオバさん、どこ生まれの子でも、雑種でも、可愛いと言ってくれるよ。

平成二〇年に、オバさんは山形県の天童市で開かれた「全国めだかシンポジウム in 山形」っていうのに参加したんだぜ。それは「日本めだかトラスト協会」と「宇宙メダカ研究会」という二つの会がコラボして開催したんだ。山形なんて行ったこともないし、これからもなかなか行く機会がないだろうから、こんな時に行ってみようかしら……と思ったらしいが、一人では心細いので、オジさんと二人ではるばる山形まで行ったんだよ。

すると、そこには全国からメダカの愛好家がいっぱい集まっていて、びっくり。その時に、向井千秋さんと一緒にスペースシャトル「コロンビア号」に乗って宇宙旅行をしてきたメダカの子孫を、希望者に配布していたので、オバさんも貰《もら》ってきたんだ。お一人様五匹入り袋を一袋だったが、「余っているのでどうぞ」と言われ、三袋も欲張ってもらってきたんだ。

帰りは、高知から車で来た人に乗せてもらって、十時間もかかって名古屋へ帰ってきたけれど、帰宅した時は十五匹全員元気だった。でも、何日か経つうちに一匹死に、三匹、四匹死んでいって、とうとう五匹になっちゃったのさ！　欲張った分が元の木阿弥《もくあみ》さ！　でもその五匹が頑張ってどんどん子孫を増やしていったんだよ。

平成二一年には千葉の四街道市《よつかいどう》で「日本めだかトラスト協会」主催の「めだかサミット」があって、それにもオジさんと参加したんだよ。参加者は約一五〇〇人。C・W・ニコル氏の講演「人と自然との共生」もなかなか感動的な話だったし、夜のヘイケボタルの観察会もとっても良かったって！

平成二二年の五月には「宇宙メダカ研究会」が四国（愛媛県西条市）であったので、それにも参加したんだよ。でも、平成二三年は東日本大震災があったので、どの学会も中止。

平成二四年は五月に東大で「宇宙メダカ研究会」があり、八月には鹿児島で、ＮＰＯ法人「メダカの学校かごしま」と「日本めだかトラスト協会」共催の「全国めだかシンポジウム」が開催されたんだよ。うちのオバさん、その両方に参加してるんだ。鹿児島では休耕田を活用した「田んぼビオトープ」（岳《たけ》の池）の見学もしたらしいよ。色々な水生生物が共存しているんだ。地元の人たちの理解と協力がすごくあることに、オバさん、とても感激したんだって！　地元の人からゴーヤのお土産まで貰《もら》ったんだ。うれしいよね。メダカのおかげで全国へ旅行できるって、オバさん、喜んでいるんだよ。

うちのオバさんたら
メダカ学会に
2つも入ってんだよ。
日本めだかトラスト協会
宇宙メダカ研究会
そのパーティーで…
お宅のメダカの国籍は？
？
国籍？
メダカの？
私は「広島メダカを育てる会」で広島メダカのDNAを守ってます
私は鹿児島のメダカです!!
生粋の地元メダカのDNAを保存しましょうよ
うちはどこの生まれでもかわいがってます
雑種でもなんでも!!
…というより
どこの生まれの子なのか
よくわからないのかもね。
あんたはどこの生まれなの？
あんたは旅先か
あんたはあの店で…

宇宙メダカ 1

宇宙を旅したメダカは〝宇宙メダカ〟と呼ばれているが、この宇宙へ飛ばすメダカを選ぶのは大変だったんだよ。二〇年もの長い間、魚はみんな無重力ではルーピング（ぐるぐる回転）すると信じられてきたんだけど、当然ながら、ルーピングしている魚に産卵行動など期待できないから、宇宙つまり無重力空間でもルーピングをしないメダカ、つまり宇宙酔いしないメダカを見つけなきゃいけなかったからね。

東大の井尻教授っていう人が、この宇宙酔いしないメダカがいるっていうことを発見したんだって。人間だって車酔いする人もいるし、酔わない人もいるだろう。メダカだってそうらしいんだ。この無重力空間で回転しない系統を〈ｃｃＴ系統〉、いわゆる「東大メダカ」って言うんだそうだ。〈ｃｃＴ系統〉のメダカは無重力に強く、しかもストレスにも比較的強い。そして視覚が良くて姿勢制御が上手なため、内《ない》耳《じ》にある耳石《じせき》による重力方向の情報をそれほど用いなくても済むんだ。

それに対して回転する系統は〈HO5系統〉といわれるんだよ。このメダカたちは視覚が悪く、日頃から耳石の情報に重きを置いていて、視覚情報にあまり頼らずに泳いでいるんだって。

その「東大メダカ」の中でも特に優秀な四匹のメダカが選ばれてスペースシャトルで宇宙を旅したんだよ。それでいろいろな実験が行われたのさ！　メダカには多くの系統が存在するけれど、その中で無重力に強い系統のメダカ、つまり無重力でも普通に泳ぐメダカを見つけ出したことが、宇宙メダカ実験が成功した最大の理由らしいよ。四年間もいろいろな基礎実験（注5）を行って準備したんだって。無重力で回転するかしないかは、親から子、孫、ひ孫へと確実に遺伝していることも実験で分かったのさ。親も、ひ孫もすべて同一の遺伝子組成だから、当たり前のことだけど……。

今回のオバさんの「宇宙メダカ　1」、すごく学術的だね！　力《リキ》入っ

（注5）実験で使うメダカの卵は、カレンダーの裏のようなツルツルの紙の上で数回こすりつけて、付着糸（纏絡糸＝てんらくし）を取ってから使う。付着糸はカビやすいから、それを取り除くのが目的。この時点で、受精していない卵はつぶれる。その後、メチレンブルーの水溶液に入れて、卵の中に液が浸透していかない卵を使う。

山形で「全国めだかシンポジウム」があったとき
宇宙飛行士
向井千秋さんと宇宙に行ったメダカの子孫を15匹もらってきたんだ。
山形から名古屋まで車で移動したのに
10時間の旅
山形
愛知
全員元気!!
さすが!!
今も15匹のうち5匹の子孫はどんどん増えてるよ。
ちなみにこいつらの親 宇宙を旅したメダカは「宇宙メダカ」って呼ばれているんだ。
その話を書くためにオバさんすごく勉強したんだってさ。
CCT?
HOち?
わからない…
もしもし？東大の井尻教授ですか？
あのですね…
メダカが本当に好きなんだね
オバさんがアカデミックなことも書いてるよ
東大の先生にも電話してるよ!!

てるね！　でも、間違ったことを書いてしまってはいけないからと、オバさん一生懸命、資料を読んでるよ。学会で見せてもらったビデオだけでは、しっかり理解できないから、東大の井尻教授に電話したんだって。そうしたら資料とビデオをセットにして送ってくれたんだ。畏《おそ》れ多くも東大の先生だよ。オバさんの図々しいこと！　でも山形の学会の後の二次会も、その後の名古屋であった研究会の後の飲み会でも一緒に飲んだからね。思い切って電話しちゃったんだって。だって本を出すのに、いいかげんなこと書けないもんナ～。

宇宙メダカ　2

宇宙へ飛んだ四匹のメダカはルーピングもせず、無重力空間で産卵行動を開始したんだって。メダカにはそれぞれ名前が付けられていて、オスは「元気」と「コスモ」、メスは「夢」と「未来《みき》」。これは、日本宇宙少年団の子どもたちの応募によって、あらかじめ決められていたんだって。

オスがメスの近くで一周りする円舞（サークルダンス）を行ってから、背びれと尻びれでメスを抱くことも地上と同じだったらしいよ。それが終わるとメスの腹には受精卵が付いていたんだ。宇宙で雌雄による産卵行動と受精を行った最初の脊椎動物ってことらしい。これはなかなか貴重な実験だったみたいだね。

宇宙では合計四三個の卵が産卵され、八匹が宇宙で赤ちゃんメダカになったらしい。この八匹を「宇宙誕生メダカ」と称しているんだ。孵化《ふか》までの時間が足りず、三〇個は地球に帰ってから孵化したんだって。残りの五個は未受精卵で死んでしまったらしいよ。

帰還後四匹のメダカは死んでいるかのように動かず、水槽の底に横たわっていたらしい。地球の重力で下に沈んでいたんだ。宇宙では無重力のため、ひれを必死で動かす必要もなく、楽をして泳いでいたので浮き袋の使い方を忘れて、地上での泳ぎ方をすっかり忘れていたらしいんだ。

メダカが泳ぎ方を忘れていたなんて、ボクたちにはとっても信じられないけど面白いね。それに引き替え、赤ちゃんメダカは地上へ戻った時でも正常に泳いでいたんだって。地上に戻って四日目には、親メダカもほぼ正常に泳げるようになったってさ！

宇宙ではもう一つの実験があったんだよ。成魚に関しては、ｃｃＴは無重力で回転しない系統であり、ＨＯ５は回転する系統なんだけど、宇宙ではｃｃＴの稚魚もＨＯ５系統の稚魚も回転しないことが確認されたんだって。無重力で姿勢制御をする時の感覚混乱は、稚魚では生じないという結論が出たらしい。地球上（重力のある場所）で長く育ったものたちが経験により身に付けた感覚が存在して初めて、無重力での感覚混乱が起こるのかな。宇宙酔いのメカニズムを考慮する上でも興味深い結果らしいよ。難しい話でボクたちには、チンプンカンプンでよく分からないけど。

メダカの性生活

メダカの性生活なんて、すっごく恥かしいことをオバさん書くらしいよ。ボクたちの夜の生活だって……。

オバさんは、メダカは一夫一婦制かな、なんて思っていたらしいが、宇宙メダカのビデオを見ると、Aというオスは C というメスを抱いた後、恥知らずにも D というメスにもアタックして、抱いてしまうんだ。

ミッション五日目に、メスCは二匹のボーイフレンドからアタックされたが、Cが五日目の相手として選んだのは、荒くれ男の A ではなく、気の弱い、やさ男の B だったって。メダカの世界でも、人間社会と同じでプレイボーイがいるなんて興味深いね。

オバさんちのオジさんは、人間社会は少子高齢化だから、人間も見

メダカ劇場「メスメダカDのジェラシー」
好きだ!!
私も!!
オスA
メスC
そこへメスDが現れた…
なによCのヤツ
キーッ
メスD
交尾させないわっ
なにするんだ
メスD
やだやめて!!
バンッ
バンッ
そんなDのじゃまが入ったが
無事に妊娠
うふふ♡
元気なAの赤ちゃん産むわ♡
メスC
ところが…
にくきCめ!!
やめて!! おなかに赤ちゃんがっ
メスD
バン
メスC
なんだケンカか?
他のメダカも加わる!
オレもストレスたまってんだ
そして今度はAとDが…
好きよ
メスD
オスA
オレもさ
お・の・れDめ…
メスC
このドロボーネコ!!
今度は私の番よ!!
メスC
やだやめて!!
メスD
バン
バン
バン
このやろ このやろ
やめて
やっちまおうぜ
なんとオスAまで!!
ドロドロしてるわねえ このドラマ…
プチ

習わなきゃいかんな……なんて言ってたよ。ボクたちも頑張ろう！

交尾して産卵を済ませたメスは、再びサークルダンスをされても全くその気はないらしい。人間様はどうなのかな？

複雑なメダカの関係

メダカの世界にだって「けんか」や「いじめ」はあるらしい。素人のオバさんが、睡蓮鉢をちょっと覗《のぞ》いてみただけでも、追っかけているヤツ、嫌がって逃げているヤツ、すぐ分かるよね。

これも宇宙メダカの観察で分かったことだけど、オスAとメスCが交尾をしている最中に、横からメスDがこの二匹をつつき続けていたらしい。「メスメダカDのジェラシー」として話題になったらしいよ。

Dに邪魔されながらAとCは行為を完遂して、卵は受精するに至ったが、メスCにとっては、これが受難の始まりだったんだ。Cの腹には卵が付いているから、Cはこの卵をねらう他のメダカたちから盛んに攻撃を受けるんだ。同性であるDからつつかれるだけでなく、なんと卵の父親であるAからのつつきが多い。Cの腹から卵がすべて離れた頃、オスAとメスDの間で受精が実現すると、今度はメスCとメスDの立場が逆転して、CとDとの間ではCの攻撃が勝っていた。オスAからメスDへの攻撃もすごくて、約四〇分間に一八二回（一分間に平均四、五回）も攻撃したんだって。

オス二匹・メス二匹の複雑な愛憎関係。人間の男女と同じかな？　同性同士のジェラシーや攻撃は分かるけど、自分の子どもを身ごもった（腹にぶら下げた）メスまでいじめるオスは最低だよなって仲間同士で話してるんだ。

メスが腹に卵を付着させていると、他のメダカがその卵を攻撃するのは、自分自身の遺伝子は繁栄させ、他人の遺伝子が増えるのは妨げるという「利己的な遺伝子」のなせる業《わざ》らしい。オスは自分の遺伝子の入った卵であっても、メスの腹を攻撃するか、あるいは再度の交尾を求めてそのメスを追い回すんだよ。人間の世界でいう、いわゆるDVみたいだね。

母メダカは母性本能に目覚め、凶暴な連中から卵を必死に守るんだ。地上のメダカの世界でも攻撃はあるが、宇宙の無重力状態にいることからのストレス自体もメダカを攻撃行動に走らせる原因なんだって！

キャリコメダカ

オバさんは、豊田市のメダカ仲間の中根さんからキャリコメダカを十四頂いた。それは魚の研究のために注射針がいるというので、送ってあげたお礼ということだった。

「ダルマメダカとキャリコを送ろうと思いますけど……」

ある日、中根さんから電話があった。

「ダルマメダカはあまり好きじゃないからいいです」

オバさんは即座に断った。ダルマメダカは以前に山形の佐藤さんちで見せてもらったが、お腹が出ていて体がコロッとしている。いわゆる「ズングリムックリ」なのだ。

オバさんは自分と同じような体型の子はいらないと言う。本当は同病相憐れんで……というか、愛情が湧くかと思ったが、オバさんは断ったんだぜ。

キャリコはシースルーメダカの原形になると聞いて、オバさんは俄然、興味津津。透明メダカの原形なんて面白いじゃない……と思ったみたい。オバさんは中根さんに頼んだ。

「キャリコメダカってどういうものなのか、ちょっと説明を書いておいてください」

中根さんからのメモ書きには、「目が黒く、腹も黒いのが特徴で、鱗は透明」と書いてあった。このメダカから黒い腹の色素をなくして、お腹の中まで透けて見えるシースルーメダカが作られる。そのための元のメダカで、これがいないとシースルーは作出できないらしい。今回の親で十代目だそうだ。分からないことがあったらお電話くださいと付け加えてあった。

オバさんは宅急便で送られてきたキャリコメダカをグリーンの鉢に入れた。ちょっと見は普通のヒメダカと同じように見えるので、間違ってしまうといけないから、分かりやすいようにわざわざダークグリーンの睡蓮鉢に入れたのだ。

物珍しいうちは、ちょくちょく覗《のぞ》きに来ては、

「やっぱり目が黒いわ、他のメダカは目のまわりが青いのに。腹も黒いわね、あんたたち……。腹黒ちゃん！」

キャリコたちのことをそう呼ぶんだよ。

「でもやっぱり腹黒ちゃんではかわいそうかな？」

ボクたちにはどういう意味かよく分からないけど、腹黒ってあまり

いい意味ではないらしいね。時代劇に出てくる「越後屋」みたいなのを言うのかな？

オバさんは「腹黒ちゃん」はやめて、「キャリちゃん」と呼ぶようになった。キャリちゃんなら可愛い名前だからボクたちも気に入っているんだ。

オバさんは何か本にボクたちのことを書いて載せるらしくて、中根さんに詳しいことを聞きたいと言って電話したよ。

「目が黒いのは分かりますが、腹が黒いのはどうしてですか？」

「他のメダカは銀色の細胞があって、内臓が光から保護されているから腹の中が見えないんだけれど、キャリコには銀色の細胞がない（注6）んです。そして、鱗が透明なので、黒く見えるんです」

「これは、どうやってできたんですか？」

「ヒメダカの突然変異です。それをまた兄弟で掛け合わせて、掛け合わせて、十年くらいかかってようやく作ったものです」。

（注6）通常、メダカの眼球には、中に光が入らないように、その周りが銀膜・黒膜の二重膜で包まれている。同様に、内臓が入っているお腹の中（腹腔）の壁は、銀色と黒色の二重の膜で裏打ちされている。その銀色の膜ができないメダカが「キャリコ」。

キャリコは中根さんが十年かかって作った品種らしいよ。

「キャリコってどういう意味？」

オバさんはさらに聞いた。

「透明鱗をキャリコと言うんです」

オバさんは英文科を出ているらしいけど、初めて聞いたなんて言ってるよ。大学時代、しっかり勉強してたのかなぁ？　専門用語だから知らなくても当然なんて開き直ってるよ、うちのオバさん！

キャリコが卵を産んでオバさんちでも十一代目が生まれたよ。その中に一匹だけ白い子がいるんだ。オバさんは中根さんに報告したんだ。

「白い子が一匹出ました」

「珍しいですね。その白がメスだといいですね」

「えっ！　どうしてですか？　まだメスだかオスだか分かりません」

「その白がメスだと次にまた白が出ますが、オスだと出ません。色はメスからの遺伝ですから…」

そうなんだ。オバさんはよくよくその白い子を見るとお腹がふっくら。メスかもしれない。白がまた出るかも……とオバさんは楽しみにしているよ。

何とメダカに歯があった！

ボクたちは今、二種類のエサを貰《もら》っているんだ。一つはエビやカニの粉、ビタミン類が入っていて、「かっぱえびせん」の匂いに似てるとオバさんがひとりごとを言っていたんだが、そんな匂いのする顆粒状のものと、もう一つは乾燥アカムシなんだ。

この乾燥アカムシが美味しくて美味しくて、ボクたちみんな大好き。長いものは一センチくらいあるので、オバさんはハサミで切ってくれるんだ。そして、大きい子用とチビ用に分けているんだよ。昔、長いアカムシを喉《のど》に詰まらせて死んだ子がいるので、オバさんはその時の失敗を繰り返さないように細かく切っている。

アカムシの件でオジさんとオバさんは言い争いをしたことがあるんだよ。オバさんが、

「細かく切るのが面倒だ」

と言えば、オジさん曰《いわ》く、

「そんなに面倒なら、すり鉢で磨《す》って粉にしてやったらどうだ！」

オジさんはノー天気にそう言うんだ。

「それでは噛みでがないからダメ！」

オバさんは反論する。すると、オジさんは、

「メダカのどこに歯があるんだ！　メダカなんて丸呑みだろ！」

ところがどっこい、メダカに歯があるということをオバさん聞いたのさ。

平成二二年の春、「宇宙メダカ研究会の愛媛　西条大会」でのこと。

オバさんがメダカ仲間の一人に、

「メダカには歯なんてないですよね？」

そう尋ねると、その人は、

「メダカに歯があるっていうのは常識ですよ」

ちょうど隣にいた東大の井尻先生も、

「メダカには歯はありますよ」

えっ！　ウソ！

オバさん、びっくり仰天。メダカに何と歯があるんだって！

でもオバさん一度も見たことない。それ以後、オバさんはボクたちがエサを食べている時、虫メガネを持って来て、口の辺りを拡大して見ているけれど、歯は見えないらしい。

（どんな歯なんだろう？　何本ぐらい生えているんだろう？　乳歯、永久歯なんていうのはあるのかな？　歳をとったメダカの歯は抜けてしまうのか？　はたまた虫歯で歯が痛むなんてことはないか？）

……などと考えていたら、オバさん一人で笑っちゃったんだって。でも、どうしてもメダカの歯なるものを一度、この目で見てみたいという願望が強いみたいだ。

メダカを押さえつけて口を開かせるわけにはいかないし……と言って、オバさん頭を痛めているよ。一体どうしたら見ることができるのだろう。メダカの歯を写した写真でもあるといいんだが、とオバさんはひとりごとを言ってた。

オバさんは、四国のメダカ大会で歯があると言っていたのは、確か宝塚市の中野さんだったと思った。思い切って中野さんに電話して事情を話した。すると中野さん曰《いわ》く、

「ボク、メダカに歯があるなんて知らないよ」

「えっ！　中野さんじゃあなかったですか？」

「歯なんか見せてくれやせん。あるんだったら見てみたいねぇ。どうやったら見られるだろう？」

中野さんも困ってしまった。

「生きているメダカを捕まえて、口を開かせるわけにはいかないしねぇ〜。死んだメダカなら見られるかもしれないけど、死んだメダカの口を開けるのもねぇ」

オバさんがそう言うと、中野さんは、

「ちょっとこのまま待っててね。今朝、死んだメダカが二匹いるんで今から口開けてルーペで見てみるから」

そう言うや否や、中野さんは死んだメダカの元へ……。

すぐに戻ってきた中野さんは、

「今、ルーペで見てみたが、口が小さすぎて見えませんでしたわ」

「そうですよね」

オバさんも納得。

「後からもう一回、口開けてじっくり見てみますわ」

お互い笑い合いながら電話を切った。

五分後、またオバさんのケータイが鳴った。誰かと思ったら中野さんだ。

「歯あるみたいですわ。岩松先生の『メダカ学全書』の八二頁に載ってました。小さい歯が六〇本ぐらいあると書いてありました」

中野さんもやや興奮気味だ。

「おたくから、歯のことを聞かれて私も勉強になりましたわ。その部分、コピーして送りましょか？」

「お手数かけますが、お願いできますか？」

「分かりました。でも、メダカの大家の岩松先生に直接聞かれるのもいいですよ」

そう言われて、そうだ、久し振りに電話してみようとオバさん思ったんだ。

電話すると奥さんが出られて、ひとしきり前のメダカ学会での楽しかった話やら近況を話した後、事情を話すと、

「先ほどまで私の友人がメダカのことを聞きたいと訪ねてきて、主人

と話していたんだけれど、今しがた二階へ行ったので……」

奥さんは先生を呼びに行ってくださった。すると今、顕微鏡で何やら数えているらしいので、後ですぐにかけるとのこと。
二、三分後に電話があった。早速、歯のことを尋ねると、
「尖った小さな円錐形の歯が二〜三層になって六〇本前後生えてます。人間の赤ちゃんと同じで下から先に生えます。オスの方は男性ホルモンの影響で大きい牙のような歯が二本あり、メスはオスより小さいです」

六〇本も歯があっても噛み砕くことはできなくて、その歯でエサを引っ掛けて(注7)、口の中に取り入れる役割をするらしい。咽頭の所にも咽頭歯というのがあり、取り込んだエサを短い食道に送り込むのだそうだ。メダカは胃のない魚で、いわゆる無胃魚だということである。鯉も胃がないらしい。鰯はあるとのこと。無胃魚の場合、食道に送り込まれたエサは、胃ではなく十二指腸で消化される。

（注7）赤ボウフラ（セスジユスリカの幼虫。体長約６ミリ）を逆さに糸に結んでメダカ釣りができるのは、ボウフラが歯に引っ掛かるため。

オバさん、聞いて良かったね！　さすがメダカの大家だ。あんな小さなメダカの口に六〇本もの歯が生えてるなんて誰が想像できる？　いろいろ聞いていると、面白いことがいっぱい。もっともっとメダカのことを知りたいね。

あっそうそう。先生がこんなお話もしてくれたんだよ。メダカは人間と違ってオシッコする方が後ろでウンチが前なんだって！　人間とメダカではウンチとオシッコの穴が逆らしいよ。メダカがオシッコするなんて、オバさん知らなかったんだって。興味深い話がいっぱいあるね。

二、三日後、中野さんからコピーが送られて来た。それを読んだら、オバさんも岩松先生の『メダカ学全書』という本が欲しくなった。早速、インターネットで注文した。四七三頁に及ぶ写真入りの大冊で、先生の研究の集大成である。専門は生殖生理学・発生生理学であるらしい。専門用語も多いが、あらゆる分野にわたって書いてあるので、少しず

オバさんはいつもボクたちのためにアカムシを小さく切ってくれる。
チョキン チョキン
アカムシ
はぁ〜めんどくさーい
だったらすり鉢ですりゃいいだろ
ダメよ!! それじゃ噛みでがないじゃないっ
噛みでってメダカに歯はないだろー
あはは
え? ないの?
バタン
えー?
見えないわねえ…
うーん…
結局先生に聞くと
ありますよメダカに歯
常識です
あ〜〜見たいわぁ!! 見せてー
オバさんの好奇心はつきないみたいだね。
なにしてんの?

つ読んでいくと面白そうである。
オバさんが岩松先生にお尋ねして、「メダカに歯が六〇本もあることが分かった」ということを、「文章工房」という同人誌のような本に書いてメダカ仲間に送ったら、東京の大津寄《おおつき》さんという人から、メダカの歯を走査電子顕微鏡で撮ったものがあるからと焼増しして送ってくれたんだ。この人が学研に勤めている時にあった、走査電子顕微鏡講習会の〝標本写真コンクール〟に出した作品の一つなんだって。この顕微鏡はミクロの世界が大きく撮影できるらしいよ。白黒ネガを保有しているので、必要ならお申し付けくださいとまで言ってくれたんだよ。メダカの仲間がいろいろな情報を教えてくれてとてもありがたい、とオバさんは喜んでいたよ。メダカ仲間は本当にホットな人たちばかり。人間性豊かで優しい人が多いんだよ。

（※巻末にメダカの歯の写真あり）

メダカの学名と呼び名

メダカは学名を「オリジアス(注8)・ラティペス」といって「田んぼに住むシリビレの大きな魚」という意味らしいよ。

メダカは比較的水温の高い小川や田んぼに生息する魚で、あまり水中には潜らなくて、水面近くを水流に逆らいながら、群れになって泳ぐんだ。

メダカは北海道を除く全国の川や田んぼに住んでいるが、このメダカたちは、すべて同じメダカではなく、遺伝子レベルで見ると、二タイプに分類されるよ。一つは北日本集団といわれ、もう一つは南日本集団なんだ。この二集団は、日本列島が現在の形になった一〇〇万年ほど前に分岐したと考えられているらしい。

生き物にはそれぞれの地方で独自の名前が付けられていることも多いが、メダカは、その地方名が日本の淡水魚の中で一番多いとされて

(注8) 稲の学名「オリザ・サティバ」に由来する。

いるんだよ。

メダカの方言名を全国規模で調査・研究した辛川十歩《からかわじっぽ》氏によると、何と四六八〇種類もの呼び名があったということなのだ。

メダカにこれほど多様な呼び名が付けられたのは、この魚が小さすぎて商品価値がほとんどなく、全国共通の呼び名が必要ではなかったことが理由だと考えられるんだって。

メダカの地方名の面白いものを挙げてみると、ウキ、ウキス、ウケス、ウキンチョ、オキンチョコバイ、カンカンビイチャコ、ザコ、ジャコ、メ、メンチョ、メザコ、メンタ、メンバ、コメンジャコ、ハリコ、談議坊《だんぎぼう》など。所が変われば、こんなに呼び名も変わるんだね。びっくりするね。

メダカが生きられる条件

メダカの飼育に必要な水量は少なくとも成魚一匹に対して一～二リットルは必要なんだ。水質は定期的にｐＨチェックを行い、ｐＨが六・五～六・〇を下回るようなら水換えをすることと本に書いてあるらしいが、うちのオバさん、ｐＨチェックなんかしたことないよ。まったくいいかげんなんだから。ボクたちが好むｐＨは七・〇～七・五で中性～弱アルカリ性がいいんだ。エサの食べ残しや排泄物が、水中でアンモニアを発生させるんだ。アンモニアはメダカに有害な物質だから、水換えをしなきゃいけないんだけど、その際は、水道水の中の塩素を取り除くため、汲み置きした水を半分から三分の一ぐらいずつ換えるんだよ。

夏など水温が上がる時、ボクたちの耐えられる上限の温度は三五～三八℃くらいまでだね。あまり暑いと心臓が苦しくなっちゃう。冬は零℃ぐらいまでなら大丈夫だよ。

飼い主さんが旅行などに出かけちゃった時、ボクたち、エサなしではどのくらい生きられると思う？　十日程度ならエサを全く貰えなくても餓死してしまうことはないよ。お腹ペコペコで空腹にはなるけれど、何とか頑張れる。ユーグレナなどのミドリムシがいる緑色の水を入れておいてくれると、食べるものがあっていいけどね。

寿命はどのくらい？

一般に野生のメダカ（クロメダカ）の寿命は「二夏一冬」と言われているんだよ。例えば、初夏に生まれたメダカが一度越冬し、繁殖しながら二度目の夏を過ごして秋になってから死ぬ、というものなんだ。

東大の江上先生の報告によれば、五年間も生きた例もあるらしい。オバさんの家でも、丸々四年生きて、五年目に入って死んだ子が、かって一匹いたらしいんだ。でも、そういう子は泳ぎ方もヨロヨロして、何となく年寄りっぽくなっていったみたいだよ。何といってもボクたちの寿命は短いから、生きている間にたくさんの子孫を残すんだ。孵《ふ》化《か》して三カ月で大人になり産卵もするんだぜ。水温が二五〜二八℃なら、ほぼ毎日、十粒ほどの卵を産むんだよ。こんなに小さくて弱くても、子どもをたくさん残すのが強みだよ。ヒトよりもずっと昔から生き続けているんだ。

メダカは食べられるの？

メダカは食べられるのかって？　佃煮などにして食用にする地方があるそうだよ。その味はちょっと苦い（注9）ものの、なかなか美味しいと言われているが、手塩に掛けて大切に育てたメダカを食べる人なんているのかしら？

（注9）胆嚢（たんのう）が大きく胆汁が多いので苦い。

ずっと以前に、メダカ仲間からメダカの佃煮だと言って、瓶詰めになったものを見せてもらったことがあったなぁとオバさんは思い出している。確か、新潟県で製造されたものだったよ。

うちのオバさんはボクたちを佃煮にして食べようなんて考えていないよね？

黒メダカは頭がいい？

ヒメダカや白メダカ、宇宙メダカでも自分の産んだ卵や稚魚を食べてしまうんだ。メダカは共食いするんだよ。だけど、なぜか黒メダカは、卵の付いた水草をそのまま入れておいて、卵が孵化《ふか》して稚魚が出ても、親子兄弟一緒に泳いでいるんだよ。大・中・小の黒メダカが一緒に住めるんだ。三世代同居の光景はほほえましいね。他のメダカの鉢では考えられないことなんだよ。

少しでも大きくなった子が一匹か二匹混じっていると、一日か二日のうちに、あっという間に、生まれたばかりの赤ちゃんメダカがやられていなくなってしまう。ところが、黒メダカの鉢だけは小さな赤ちゃんメダカも大人と一緒に泳いでいられるんだ。

黒メダカはもしかして頭がいい？　それとも目が悪くて見えない？　どっちなんだろう、とオバさんは不思議がってるよ。

先祖返り？

黒メダカは頭がいいのか、目が悪いのか、自分の子どもを食べないみたいだ、とオバさんは思ってるが、青メダカの鉢でも親子が一緒に泳いでいるんだよ。しかも、青の親同士の子どもなのに、親より青みが少ないものや真っ黒で黒メダカかと思う子もいるんだよ。

青メダカは、もともとオレンジ色素があって保護色の土色の黒メダカの体全体から、オレンジ色素が抜け落ち、全身が青白くなったものなんだ。それが、進化の過程で失ったその黒色が子孫において現れたんだと思うよ。そういうのを〝先祖返り〟と言うんだって。

奇形児の遺伝

オバさんの家では最近は奇形児はあまりというか、ほとんど出なくなったが、メダカを飼い始めた頃には、本当によく出たらしい。尻尾のチリチリの子や、背骨がぐにゃりと曲がった子、体が傾いてしまっている子など、見るに忍びなかったそうだよ。

でも命ある子なので命がある限りは飼ってやろう、とオバさんは思っていたんだって。

（別の鉢にそういう子だけを差別して入れるのも何だか悪くて……。でも、生殖活動をしたら困るし……）

エサをやる時は、そういう子から先に食べさせてやっていた。そんな体になったのは、オバさんの卵の扱いが悪くて、卵を傷つけたりしたのかな？　と反省したり、近親結婚でそうなってしまったのかと心を悩ませていたそうだよ。

以前に、メダカ仲間に相談したら、

「そういう子は可哀想だけど、捨ててしまわないとダメだよ」

そんなことは、オバさんできないね。

四国のメダカ研究会で件《くだん》の中野さんに雑談の中でそのことを話したら、

「ボクはそういう子はそういう子で全部一つの入れ物に入れて飼っているよ。普通ではなかなか見られない変わった子が出たと、ボクはむしろ面白がって飼ってるよ」

意外な話だった。そしてさらに、中野さんは、

「六〇匹の奇形の子を飼っているが、次の世代で奇形のあった子は八

匹だけだった。八割～九割は正常なメダカが出たよ」

オバさん、同じようなことを山形の佐藤さんという人にも聞いてみたよ。この人は「山形めだかの学校」というのをやっていて、二〇坪のプールに水三〇トンを入れて七〇種類以上のメダカを飼っている人なんだ。山形で大会があった時、みんなで見学させてもらったらしい。

その佐藤「校長」さん曰《いわ》く、

「次の世代はいいが、メダカは隔世遺伝するから孫の代で出るんだよ」

なるほど……とオバさんは思った。子孫を作らせることを目的としなければ、奇形メダカを飼ってもいいのかな？　奇形のある子は何といっても短命だから、子孫までは作れない。ただ命ある限り面倒を見てやるという義務感だけ。

先日、岩松先生に電話して歯のことを尋ねた時、その奇形メダカのことも聞いてみた。

「卵を孵化《ふか》させるまでの水温が高いと出ます。夏は頻繁に出ます」

遺伝のことや発生までの過程には、いろいろな条件が関係するらしく、生命の神秘を感じるね。

メダカのケンカ

メダカにはどちらが強いかはっきりしない場合、しっぽで〝打ち合い〟をする習性があるんだ。打ち合いの前には、体の向きが逆さになって並ぶ「平行定位」（巴《ともえ》形定位ともいう）が見られるんだよ。これはお互いの順位がすごく近い場合にするんだ。

〝打撃〟はこの平行定位から不意にしっぽで相手の体を打つ行動で、打撃を受けたメダカがすかさず同じような打撃で反撃する行動を〝打ち返し〟と呼ぶんだ。

野生メダカでは、戦いの最中にメダカの黒い体色が濃くなるよ。この体色変化は、神経支配によるものと考えられるとのこと。打ち負かされたメダカの黒体色は薄くなり、隅の方や底に逃げる。勝ったメダカは、逃げるメダカをなおも〝おどし〟〝おっかけ〟〝つつき〟〝突進〟の行動で追撃するんだ。負けた方は動きがほとんどなくなる〝すくみ〟を示すんだって。岩松先生の本にそう書いてあるんだ。

オバさんの家で飼われているボクたちだって、ボスの座をめぐって真剣に争う時もあるんだよ。メダカのケンカも人間の世界と同じで怖いね。人間の子どもの場合、自殺したりする子もいるが、メダカは自殺なんかしないよ。

縄張りと順位

メダカは野外で生活している場合、群れをなし、縄張り行動はあまり見られない。けれど、容器で飼育すると著しい縄張り制が見られるんだって。このことは、縄張り制が限られた空間条件によって左右されることを意味するんだって。

このメダカの縄張りは、狭い容器の中では容器の底・隅、または藻で囲まれた所などの、何か寄り所のある場所でできるんだ。この縄張り内に他のメダカが侵入してくると、戦い行動が見られるよ。こうなると、野生のメダカが仲良く川や池や沼で泳いでいる光景の方がいいね。

Ⅳ

受け継がれていくメダカ

春が待ち遠しいなぁ～

寒い冬の間は、ボクたちはエサもあまり食べずに動きも鈍くなり、睡蓮鉢の下の方でじっとしているんだ。暖かい陽射しが降り注ぐ小春日和には、水の上の方に上がっていくんだ。

そんな日はオバさんが、

「今日は暖かいから、ごはん食べる？」

そう言いながら、エサを少しバラまいてくれるんだ。でも、春から夏にかけてお腹がやたら空《す》くのとは違って、動いてないから少し食べると、すぐにお腹がいっぱいになっちゃう。

冬の夜は気温が低く、氷点下になる時があって、汲み置きの水に薄氷が張るらしいんだ。だから、冬の間はオバさんは気温にすごく神経質になっているよ。

ボクたち用に買ったふとんや毛布があって、玄関の所に山のように積んであるんだ。それを極寒の日は一鉢に二枚ずつ掛けて、自転車用のゴム紐で縛るんだ。そんなことを十六鉢もやるんだぜ。オバさんも重労働だよな。

「腰が痛いの、足がつったのって言ってるよ」

雪が降った日にゃ、スッポリふとんごと、雪の中に埋まってしまうからね。朝になると、その湿気で重くなったふとんを片付けなくちゃいけないから、これもまた大変なんだよ。

雨という予報の時以外は、冬の間は毎日ふとん掛け。でも、予想外に夜中に雨が降って、ふとんがびしょ濡れってこともあるんだよ。

そんな翌日はもう大わらわ。よく日の当たる木の枝に引っ掛けて「ふとん干し」。庭中、花が咲いたようになるんだよ。まるでホームレスの館みたいだ。自分たちのふとんもなかなか干せないのに……とオバさんぼやいていた。

でも、お陰で十月頃生まれたちっちゃな赤ちゃんも、死なずに冬を乗り越えることができたんだ。これからはエサをたくさん食べて、大きくなろうっと！　春になるとボクたち一気にエッチなホルモンが出ちゃってね。冬の間によ〜く品定めをして、目星を付けておいた気の合いそうな子に言い寄ってみるんだ。ダメ元でね。猛アタックして自分のＤＮＡを持った子孫をたくさん残さなくちゃ……。

情操教育だってさ

オバさんは時々機嫌がいいと、情操教育だと言ってはボクたちに〝演歌〟を歌って聞かせてくれるんだ。それが微妙に音程が外れていてさぁ、みんなで迷惑だよなってボヤいているんだ。音痴が移っちゃうよ。

でも音に反応してしまうボクたちの性格から、尾を振ってエラをバタバタさせてオバさんの近くに寄っていくもんだから、オバさんはボクたちが喜んでいると誤解して、得意になって歌ってるから参っちゃうよ。たまにはクラシックとか、シャンソンとか、違ったジャンルの曲も聞かせてほしいなぁ。

あっ！　そうそう、春になるとオバさんちの庭には、どこから来るのか分からないが、ウグイスが飛んで来ては、いい声で「ホーホケキョ」と鳴くんだよ。ウグイスも最初の頃は上手く鳴けなくて、「ケキョ、ケキョ」と鳴いて練習してるみたい。そのうちに「ホーホケキョ」といい声で鳴けるようになってくるんだよ。うちのオバさんも、そのうち上手くなるかなぁ？

でもまあ、ボクたちの世話だけはしっかりやってくれるから、口には出さないけど感謝しているよ。オジさんは、メダカとオレとどっちが大事だ、なんて焼き餅を焼いているらしいが、オジさんごめんなさい。ボクたちはオジさんみたいにカップラーメンは食べられないので……(オジさんは放っておいてもお腹が空《す》けば、カップラーメンなんぞ食べているらしい)。

カラスの水浴び

オバさんの友達の清水さんという人も、オバさんがメダカを飼っているのをうらやましがって飼い始めたんだ。そして、その清水さんの近所の人で、やはりメダカを飼っている人とも友達になって情報交換しているらしい。

清水さんの友達の話なんだけど、睡蓮鉢に平面状の網のような物を被《かぶ》せてあったらしいんだが、ある日カラスがその網を取ってしまって、バチャバチャと水浴びをしていたんだとさ！ 中にいたメダカは外に放り出されてしまって、残ったわずかばかりのメダカも目を回していたらしいよ。

ボクたちは特注のザルを被せてもらっているから、カラスの水浴び場にはならないから良かった！ 野良猫が時々、水を飲もうと来るんだけど、猫の手では開けられないし……。オバさんには高価な網だったけれど、お陰でボクたち助かっているよ。

だけど、最近のオバさん、白い野良猫が来ると「ミーコ」なんて呼んじゃって、煮干しを五、六匹食べさせては手なずけているけど、ボクたち大丈夫だろうか？

本によると、猫にメダカを食べられたという話は聞いたことがないとのことだよ。メダカは金魚みたいに大きくないので猫の爪では上手く引っ掛けて取ることはできないんだって！　良かった！　安心した！　猫嫌いだったはずのオバさんなのに……。どういう心境の変化？

後《のち》に、この白いメス猫がオバさんの家で、「ニャオ吉」、「ミーコ」という二つの名前で飼われるようになって、この本の原稿やパソコンの上を土足で踏み歩くことになるとは、オバさん、この時点では思いもよらなかったらしいよ。でもこの猫は、ほかには何にも悪いことはしない、とってもいい子なんだぜ。

庭に来る鳩やスズメ、ヒヨドリやヒワ用に少し欠けた睡蓮鉢に水を入れておいてやるのはいいけれど、そこでカラスも時々水を飲んだり、水浴びしたりしているよ。クワバラ！　クワバラ！

青メダカを買いに行く

オバさんに感化されて、ずっと後からメダカを飼い始めた友人の清水さんが、近所の人から青メダカを貰《もら》い飼っているが、

「青メダカが一番品があっていい」

と言っていたらしい。

オバさんは、自分よりもメダカ歴の短い人にそんな生意気なこと言われて、ちょっと頭に来たらしいが、自分もやっぱり欲しくなってしまったみたい。

「あげようか？」

友人はそう言ってくれたが、その家で飼われていた子はそこにいる

のが一番幸せ。オバさんは断った。

オバさんは行きつけの観賞魚店の一つへ青メダカを買いに行った。いつもの馴染みのおニイちゃんが水槽から一匹ずつネットで掬《すく》ってくれていたが、その時、元気のいい子が跳ね上がって床に落ちてしまった。その時はその子はオバさんが買う方には入れられず、下に置いてあった人工池のような所に入れられたらしい。

一日おいて、オバさんはまた買いに行った。

「もう十匹欲しいんだけど、いるかしら？」

水槽を覗《のぞ》き込んでざっと数えると八匹ぐらい。おニイちゃんが一匹ずつ掬っていると、またもや一匹が床の上に。おニイちゃんは今度はそれを掬ってオバさんが買うメダカの方に入れた。他のメダカに替えるだけの数の余裕がなかったから、仕方ないかもしれないけどね……。

オバさんは心の中で、嫌だなと思った。この子、家に連れて行っても大丈夫かな？

おニイちゃんは全部揃い終わると、動き回っているメダカを何回も数え間違えながら必死で数えて、

「九匹ですが八匹分でいいです」

さっきの一匹はおまけか？　内心オバさんは儲かったと思ったらしいが、待てよ、あの子は明日にはお陀仏かもしれないな。だから八匹分で……なんて言ったのかも？

家に持って帰って、早速、昨日入れた青メダカの鉢に混ぜる（注10）と、みんな一斉に泳いでいた。しばらくしてオバさんはエサをやった。少しフラッとしている子が一匹いる。お店ではあまりごはん貰ってなかったのか、みんなヤセヤセ君たちである。でも一生懸命エサを食べていたので、ひと安心。

しばらくして、再びオバさんは気になったので覗きに行くと、何か泳ぎ方に元気がない子が一匹。やはりこの子が床に落ちた子に違いない。オバさんはその子を舐《な》めまわすように見たが、特に外傷はなさそう。

（注10）買ってきたばかりのメダカは、すぐには鉢に入れず、袋ごと30分ぐらい水に浮かべておいて、水温が同じになった頃に混ぜる。

明日になれば元気になるかもしれない。

夜になって、再びオバさんが見に行くと、泳ぐのがやっとで、ヘロヘロと水草の根っこにつかまっている。

こりゃダメだ。オバさんは昼間も頭から塩をぶっ掛けたが、今度はタッパーに塩と〝メチレンブルー〟を混ぜて、その子を移した。少し元気になったみたいだったので安心していたが、夜になってその子はとうとう帰らぬ人じゃなかった、帰らぬメダカになっちゃったようだ。

かわいそうなことをしたな。今度あの店に行ったら、例のおニイちゃんにボクたちの仲間を落とさないように気を付けてね！　とオバさんに言ってもらおうっと――。

忘れ形見

買ってきた念願の青メダカが、オバさんちの睡蓮鉢の中でスイスイ泳いでいる。メダカ愛好家にとっては、とっても嬉しい至福の瞬間である。

ところが翌日、起きてすぐに青メダカの鉢を覗《のぞ》くと、また一匹死んでいるではないか？

（なぜ？　無傷のままお陀仏。あ〜あ）

と思いながら埋葬し、南無阿弥陀仏、南無阿弥陀仏……と念仏を十回（お十念）唱えて、その上に小石を置く。それから数日すると、また一匹、また二匹と死んでいく。そして、どうしたことか、とうとう全滅してしまった。

こんなことは今までオバさんが経験したことがないことで、オバさん、かなりショックを受けたんだ。

まさに初めての挫折である。この鉢に原因があるのかしら？　この鉢ではしばらく飼わないでおこう。一度、きれいに洗って、日に干して、もし雑菌がいたらそれが死んでしまうまで毎日干そう……、なんて考えていたが、すっかり自信をなくしたオバさんはなかなかそれができなくて、主《あるじ》のいなくなった鉢をしばらくそのままにしておいた。

この鉢で飼うのは怖い。新しい睡蓮鉢を買おうと思っていた。

ところが、何とそこに全滅した青メダカの子どもが四匹、小さな小さな体で泳いでいるではないか？　死んだ青メダカの忘れ形見である。感動！　感動！　オバさんは信じられなかった。買ってきた十九匹の青メダカはすぐに死んでしまったので、産卵するような子がいたことすら気が付かなかったのだ。

子どもを残して死ななければならなかったのは、さぞかし辛かっただろう。オバさんはその四匹を大切に育てていた。二匹は少し大きく、あとの二匹は小さかった。親が死んでしまったような睡蓮鉢でも、子どもたちは大丈夫そうだった。

この子たちがまた子孫を残してくれるなら、当分、新しい青メダカを買うのはやめよう――。オバさんはそう心に決めたんだ。願わくば、

オバさんに感化されて友人の清水さんがメダカを飼いだしたらしいんだ。
やっぱり青メダカは品があっていいわねえ
青メダカは飼ってない…
うちの子たちも情操教育してるから品あるわよ
エサはこまかくきざんだ～アカムシでいい～♪
ド演歌
でもいいわねえ青メダカ♪
きれいでしょー
ください
観賞魚
やっぱりいいわねえ
あら？
元気のない子が…
お薬の塩
元気になってー
パラパラ
次の日…
あ!!
死んでる!!
青メダカ
次の日もまた次の日も…
やだ!!
この鉢のせいかしら!?
結局青メダカ達は全滅…
あら？
…と思ったら忘れ形見のこどもたちが!!
天国の青メダカちゃーん ちゃんと育てるからねーっ!!
今も元気です♪

オスとメスがいてくれるといいのだが……。
小さいながらも、元気にスイスイと泳ぎ回るチビを、オバさんは頼もしく眺めていた。
ところがそのチビも一匹、二匹死に、とうとう一匹になっちゃった。

青メダカを貰《もら》う

オバさんが欲しくて買ってきた青メダカは全滅し、その死んだ青メダカの忘れ形見がたった一匹だけ残ったが、大きい鉢にたった一匹じゃいかにもかわいそう。

だけど、オバさんは例の観賞魚店で買うのはもうこりごり。やはり友人の清水さんちの子を貰おう。清水さんは快く分けてくれた。すぐにでも産卵できるくらいの大人のオスを一匹とメス二匹、子どもの青メダカを三〇匹ぐらい分けてくれた。小さい子は別の小さい子用の睡蓮鉢に入れられた。うじゃうじゃいて楽しい。

清水家から来たオスとメスを岩井家のたった一匹だけいるオスの鉢へ合流させた。初めは両方のメダカは遠慮しがちに泳いでいたが、岩井家にもともといたオスは、「これはオレの家だ」と言わんばかりに清水家のオスを攻撃し始めた。清水家のオスは申し訳なさそうに逃げて回っていた。えらい所に来ちゃったナ……という感じ。

メスは両方のオスからちやほやされていて、追っかけ回されるようなことはない。オバさんは心配で、毎日毎日青メダカの鉢ばかり観察していたよ。

そのうちにどうしたことか、岩井家のオスが清水家のオスに追い回されて逃げてばかり。そしてホテイアオイの陰に隠れるようになった。そしてビビッて出てこない。

どうした、力の逆転劇！　こうなったら、オバさんも黙って見ているわけにはいかない。身びいきというか、岩井家で生まれ育った子を負けさせるわけにはいかないと力《リキ》が入る。

「お前、清水んちのオスに負けるなよ！」

頑張れ！　頑張れ！　オバさんはだんだん清水んちのオスが憎らしくなってきた。でもそんなことは清水さんには絶対言えない。

何日か経つと、また力関係が逆転し、岩井さんちのオスが勝ってきた。オバさんはよくやったとばかりに応援する。要するに陣地争いと、メスの取り合いなのだ。やはり身びいきかもしれないが、うちのオスの方が品があって聡明そうで凛々《りり》しい。なかなかのイケメンなんだよ——。オバさんは全くの親バカぶりである。

小さい鉢の中に入れたチビたちも、だんだん大きくなってきたので、オバさんはその中でも成長の早そうな子を十匹ほど選んで、この緊迫した雰囲気の鉢に入れた。

小さい子たちは大きい子のそんなイザコザは全然知らずに、チョロチョロと泳いでいる。二匹の大人のオスは、あの子もいいナ、この子もいいナと目移りして、オス同士で喧嘩してる場合じゃなくなった。それから特に目立ったいじめやイザコザは起きていない。

ここで誤解を招くといけないから言っておくけど、オバさんは清水さんちの青メダカにも、差別なくしっかりエサは与えているから安心していいよ。メダカ自身には何の罪もないもんナ。清水さんに見せたいくらい丸々として大きくなった。

傘が好きなムカデくん

夏の暑い日には毎日活躍する傘だが、春や梅雨時には使う日と使わない日がある。それで、畳んで置いておくと、いつの間にかムカデが入っていることがあるんだよ。オバさんがボクたちに傘を掛けようと頭の上で広げたりすると、ポトッと大きな黒光りしたムカデが落ちてくる。

あざやかなオレンジ色の腹が見える。丸々と育った大ムカデだ。一軒向こうの中村さんの奥さんから聞いた〝八事《やごと》ムカデ〟らしい。この山地の八事地区に昔からいる大ムカデなのだ。そんじょそこらのムカデじゃないよ！　幅が七～八ミリで、長さは一〇センチくらいあるんだよ。こんなムカデがボクたちの睡蓮鉢の中に落ちてきたらどうしよう！　でも、どんな大ムカデでも水の中に落ちたら、ボクたちを食べようなんていう余裕はないだろうな。

でも、ボクたちのいる睡蓮鉢のまわりには、ムカデやトカゲやダンゴ虫、夏になると水を飲みに来るスズメバチやクマバチもいて危なくってしようがないよ。

時々、シオカラトンボのオスとメスが追っかけっこをしているよ。お腹の所が青いのがオスで、麦藁《むぎわら》色がメスなんだ。でも、このトンボが網のない睡蓮鉢に卵を産んでヤゴが生まれると大変なんだ。ヤゴがメダカの稚魚を食べていたことがあったんだよ。カマキリとかもいて、メダカも天敵が多くて大変だね。

高級メダカ買っちゃった！

この話はオジさんには絶対、内緒だよ。平成二二年の秋、「一宮へメダカを買いに行かない？『西川きよしのご縁です！』という番組で見たんだけれど、いろいろ変わったメダカがいるらしいので一緒に行こうよ」

そう友人の加藤さんから誘われたオバさんは、その番組を見てなかったが、どんなメダカがいるのか、買わないまでも見るだけでも見たいと思って行くことにした。

そこはサツキなどの盆栽を売るのが本業みたいだったが、オバさんが今までに見たことのない高級なメダカや変わった色のメダカが泳いでいる大きなプラスチックの箱や睡蓮鉢が、所狭しと並んでいた。

広い庭の中を通って別棟へ行くと、そこには背中が青くサンマのように光るメダカがいた。

「ステキ！」

オバさんは思わず、叫んだ。

この「幹之《みゆき》」という新種はオバさんがこの店で初めて見たものだ。

値段を見ると何と一匹五〇〇〇円！

高すぎる。でも欲しい。欲しいけど買うからには一匹じゃ……。五匹は欲しいよな。

青く光る光り方も、背中全体のもの、しっぽの方だけのもの、所々光るものなど、いろいろいる。欲しかったが、この日は「幹之」の小さい子を二〇〇〇円で五匹買って帰ることにした。

だが、小さい「幹之」では青色がそんなに多く入っていないし、「ステキ！」というほどではなかった。やはり大きくて青色の部分がたくさん入っている「幹之」が、オバさんの頭にこびり付いて離れなかった。

やっぱりあのメダカが欲しい。オバさんは、約二カ月後、その友人ともう一度この店へ来た。そして、思い切ってオバさん、

「五匹ください」

と言ったんだって！

店長のオジさんは、

「これはボクのおすすめの子です」

と良さそうな子を選んでくれる。次に、

「これは体内光といって、体の中から光っているやつです」

と言ってプラスチックの白いお玉で上手に捕まえてくれる。

体色は青色系のものと白色系のものがある。五匹選んでくれてから、まだ掬《すく》おうとしているのでどうするのかと思っていたら、二匹ほど掬って、

「おまけしときます」

「え！　おまけしてくださるんですか？」

二匹もタダで貰《もら》っちゃった。儲かったわとオバさんは内心思ったが、一匹五〇〇〇円もするメダカを五匹も買ったんだもの、そのくらいサービスしてもらってもいいよなと素直に喜んだ。

でも、考えてみれば、たかがメダカ、三センチぐらいの魚を五〇〇〇円も出して、しかも五匹も買うなんて正気の沙汰ではない。サンマやイワシなら何匹買えるかな？　常軌を逸していると思いながらも、珍しい新種のメダカを手に入れたオバさんはご満悦。マニアな人はこういうことが高じていくんだろうなとオバさんは思った。

この時、やはりメダカにハマっているらしい年配の女の人が来ていて、

「私の年金、みんなメダカ代になっちゃう」

と言いながら〝大人買い〟して、

「年金が入ったら、また来るわ」

と言い残し、帰って行ったんだって！　うちのオバさんも年金使うようになるのかなぁ？

体全体が真っ青に光る大きくて立派な「幹之」がいた。価格は一万円だ。

突然、

「これ買おうかしら？」

と加藤さんが言った。

「やめときな、もったいないよ。一万円も出すなんて。二、三日で死んじゃうこともあるからね」

「そうだね。もったいないね」

加藤さんはあきらめた。さすがにオバさんも一匹一万円も出す気はさらさらなかった。

オバさんは店主に質問した。

「この幹之っていう品種はどうやって作ったんですか」

「これは突然変異でこういうのが出た時に、次に出た同じようなメダカと掛け合わせて作っていくんです。これは広島の業者から仕入れたものです」

　小冊子を見せながら説明してくれた。そこにはまた別の何種類かの改良品種がカラー刷りで載っている。品評会で賞を取ったもので、どこどこの誰々さん作出《さくしゅつ》と書いてある。すごいなと思ったが、オバさんはそんな品評会に出したり賞を取ったりするようなことをするつもりは毛頭ないみたい。その小冊子は有料だったが参考のために買い求めて、時々眺めているんだよ。

　ある日、オバさんは、広島の「めだかの館」の代表の人に「幹之」のことを聞きたくて、パンフに書いてあった所に電話したんだって。男の人が出て、

「そういうことは大将に聞いてもらった方がいいので……」

と言う。さらに、

「今頃は、もう酒飲んじゃってると思うので、明日の三時頃かけてください」

オバさんは明日まで待とうと思ったが、待ち切れず、ダメ元でそこに書いてあった大場さんという人のケータイにかけちゃった。

すぐに大将といわれた人が出た。

「私は今、メダカのエッセイを書いているので、教えてください」と伝え、先日も一宮で「幹之」を買いましたと話した。

「幹之」の作出方法は一宮のオジさんが教えてくれた通りで、「体内光」というのは体の中から光が出ているのだということも同じだった。

「今は、内からも外からも出る品種ができました」

「一度広島まで見せてもらいに行きます」

オバさんはそんな約束をして電話を切った。今度はオバさんの方から友人を誘って広島まで行ってみるかな……なんて考えているよ、うちのオバさん。

あとでオバさんが調べたら、この「幹之」は二〇〇七年に愛媛県のブリーダー、菅高志氏によって作出されたものらしい。普通種の体形

ある日お友達から
高級メダカ見に行かない!?
…まあ見るだけなら行ってみようかな
ところが…
ステキ!! 欲しい!!
背中が青く光ってる!!
一匹5000円です
さすが高級ね…でも一匹ってわけにもいかないし…
で、迷った結果高級メダカ5匹買ってきたんだ。
キレイーステキー
ところでメダカって色々と品種改良されてすごくたくさん種類があるんだ。
おでぶのヤツ
透明のヤツ
青いヤツ
赤いヤツ
などなど
改良を楽しむ人やめずらしい品種を楽しむ人など愛好家もいろいろ。
うちのオバさんは…
平凡なメダカで充分よ 小川で泳いでるメダカがいちばん!!
ねーピーちゃん
プルルー…
はーい もしもし?
え!? そんなめずらしいのが!? 見たいっ!!
オバさんの探求はまだまだつづくみたい。

をしながら頭背面が強烈に輝くため、黒い水槽に入れて泳ぐ姿は、まるで水の中を泳ぐ蛍のようにキレイらしいよ。

体内から光を発するものは二〇〇八年に埼玉県のブリーダー、戸松具視《ともみ》氏によって作出され、二〇一〇年から「彩光」の名称で流通するようになったとのこと。

固定率ってな〜に？

幹之《みゆき》には、体色が青色系の「青幹之」と白色系の「白幹之」っていうのがあるよ。その魅力は、やはり幹之の代名詞である青白い光なんだ。グレードは光の幅で決められて、「弱光」、「強光」、「スーパー光」、「ハイパー光」などがあるんだよ。

頭からしっぽの先まで青く光る、一匹五〇〇〇円の「ハイパー光」同士の掛け合わせで生まれた子なら、必ずまた、五〇〇〇円の価値のある子が生まれるかって？　答えは「ＮＯ！」なんだよね。五〇〇〇円×五〇〇〇円の子どもでも一〇〇〇円ぐらいの価値の子どもしか生まれないよ。オバさんちで生まれた子でも、しっぽの所にほんの少しだけ青い光が入っているぐらいの子がほとんど。良くて背中の真ん中くらいから青くなっている程度だね。

「幹之は『固定率』が悪いみたい……なんちゃって」

――だって。オバさん、一丁前のこと言ってるね。

固定率というのは、決まった色が出る確率とでもいうのかな？　例えば、白と白を掛け合わせると、オバさんちでも一〇〇％白が出る。こういうのは固定率が良いというんだよ。なので、固定率が悪いと、頭からしっぽまで真っ青とか、白光りしている幹之とかを作出するのは、非常に難しいってことだね。だから、五〇〇〇円の価値があるってわけだよ。

どうすれば、オバさんちでも五〇〇〇円の子を誕生させることができるのかなぁ？　少し研究してみようかと、オバさんは意気込んでいるよ。さて、どうなるのかな？

名古屋メダカ

数年前、『中日新聞』に「名古屋メダカの飼い主になって」という記事が載っていた。東山動物園の「里親プロジェクト」だった。市内の小学生にメダカを飼ってもらい、自然環境や生物多様性の大切さについて関心や知識を高めてもらいたいとのことだ。

ニホンメダカは全国各地に生息するが、遺伝子レベルで地域による違いが確認されている。つまり地域によってメダカのＤＮＡが異なるのだ。

約七五年前、「メダカ博士」といわれた名古屋大学の故山本時男名誉教授が、千種区の平和公園で採取したメダカを「名古屋メダカ」と呼び、東山動物園にある「世界のメダカ館」が一部を譲り受けて飼育している。

この名古屋メダカの「里親プロジェクト」は、継続して飼育するのを前提に、個人と小学校のプロジェクト参加者を募集するものだった。個人は限定三〇人で十匹ずつ、小学校は限定五校で三〇匹ずつを飼う。飼育方法の講習を経てメダカを渡し、それぞれが観察記録や自由研究を進め、発表会をやり、「世界のメダカ館」の水槽やビオトープに一部を放流するというもの。

オバさんも「名古屋メダカ」を欲しかったらしいが、対象が小学生に限られていてはダメだ。それに里親だけで、育てたメダカを返さなければならないのも寂しいんだって。

東山動物園のメダカ館の佐藤さんともメダカ学会でよく会う。話も時々する。オバさんも個人的に頼んでみようかと思ったが、電話番号が分からない。山形の方の佐藤さんに聞いてみることにしたそうだよ。佐藤さんが二人いてややこしいね。

山形の佐藤さんへ電話して、その旨を話すと、以前に佐藤さんも何やら分けてもらった時、何枚も書類を書かされて、名古屋市長宛の書類まで書いて大変だったとのこと。

これは無理かなぁ？

誰か「名古屋メダカ」飼ってる人、分けてくれないかなぁ〜とオバさん言ってたよ。

メダカ文化

日本でのメダカの観賞魚としての歴史は古く、江戸時代から金魚と一緒にクロメダカや突然変異種のヒメダカが愛玩用として飼われていた記録があるんだって。

ボクたちは熱帯魚や金魚、錦鯉などのように派手な体色とは無縁の魚だから、地味な観賞魚だよね。だけど、メダカを愛してくれる人たちは、メダカに派手な体色はもともと期待してないと思うし、ボクたちを飼育しながら、心からほっとできる時間を求めているんだよね。ボクたちは癒し効果バッグンだからね。

近年、この小さな魚の世界に魅力を感じ、全国に愛好家が続々と登場し、メダカの改良が全国的に広がり始めたんだ。そうした中で、メダカ文化として定着させるため、ある一定の鑑賞基準、品種の定義付けをするために、広島でメダカの品評会が開かれたんだって。メダカも金魚、錦鯉に続く日本の第三の観賞魚文化として、庶民に愛される文化へと定着しつつあるようだよ。

現在、ニホンメダカだけの交配により、多彩なメダカが出現しているらしい。外来種との交配は一切しない、日本的な美を追求していくことが、「和」の観賞魚、ニホンメダカの文化の構築につながっていくのではないだろうか――だって。

カラーメダカと改良品種

まず、ボクたちメダカの基本的なカラーパターンを紹介するね。

クロメダカは、日本各地に生息する野生メダカで、原種のメダカの体色をしている。遺伝子レベルで大きく南日本集団と北日本集団に分けられるんだって。黒の発色を強めた〝スーパーブラック〟や〝ピュアブラック〟などがあるよ。

ヒメダカは、クロメダカの黄変個体。

ブチメダカは意図的に作出したものではなく、ヒメダカなどの先祖返りの結果現れた品種だと思われる。先祖のクロメダカの本来の体皮中の色素が部分的に蘇ったものらしいね。

シロメダカは、野生メダカの体全体から黒とオレンジの色素が抜け落ち、全身が白いことが最大の特徴。黒色素胞を持たず、また黄色素胞（キサントフォア）が発達していないため白く見えるんだって。ただし、完全なアルビノ種ではないため、目玉は黒い色素ができるので、血の色の赤ではなく黒。

アオメダカは、シロメダカのように野生のメダカの体全体からオレンジ色の色素が抜け落ち、全身が青白い。黄色素胞を遺伝的に持たず、虹色素胞の反射で全身が青白く見えるんだって。

透明鱗は鱗の虹色素胞を欠き、通常の鱗の輝きのないメダカ。特にエラ付近が赤く見える個体を透明鱗、〝スケルトン〟と呼ぶことが多いよ。

アルビノメダカは、メラニンを全く作れないため体から黒い色素が抜け落ち、全身が白く目が赤くなることが最大の特徴。眼は網膜などの血液の色が透けて見えるため、キレイな赤に見える。アルビノの遺伝子は掛け合わせによって子孫に受け継がせることができる。〝アルビノヒカリメダカ〟や〝アルビノスケルトンメダカ〟などがあるよ。

改良品種はたくさん作られているんだって。〝ダルマメダカ〟といって背骨がくっつきあって短くなった、ダルマのようなショートボディーが特徴のものもあるよ。その他、主なものを列挙すると、ヒカリメダカ、スケルトンメダカ、アオヒカリメダカ、楊貴妃、アルビノ東天光、琥珀、琥珀透明鱗、黄金、銀河、幹之《みゆき》（青・白）、彩光、彩光ダルマ、ピュアブラック、小川ブラック、パンダメダカ、楊貴妃パンダ、シルキースモールアイ、チャパンダ、プチパンダ、出目メダカ、目前メダカ、マドンナ、桜子、かぐや姫、錦織（銀帯）、紅《くれない》……などまだまだたくさんあるね。

改良品種をいろいろ集めて飼うのも楽しいし、自分で新しい改良品種を作出するのも楽しいだろうけど、オバさんは、平凡なメダカを飼いながら、それでも心が癒されて、日々暮らしているよ。

そして、日本の各地の小川や田んぼに昔のようにメダカが住めるような環境が増えることと、そんな日本の原風景が戻ってくることを願っているんだよ。

メダカの歯

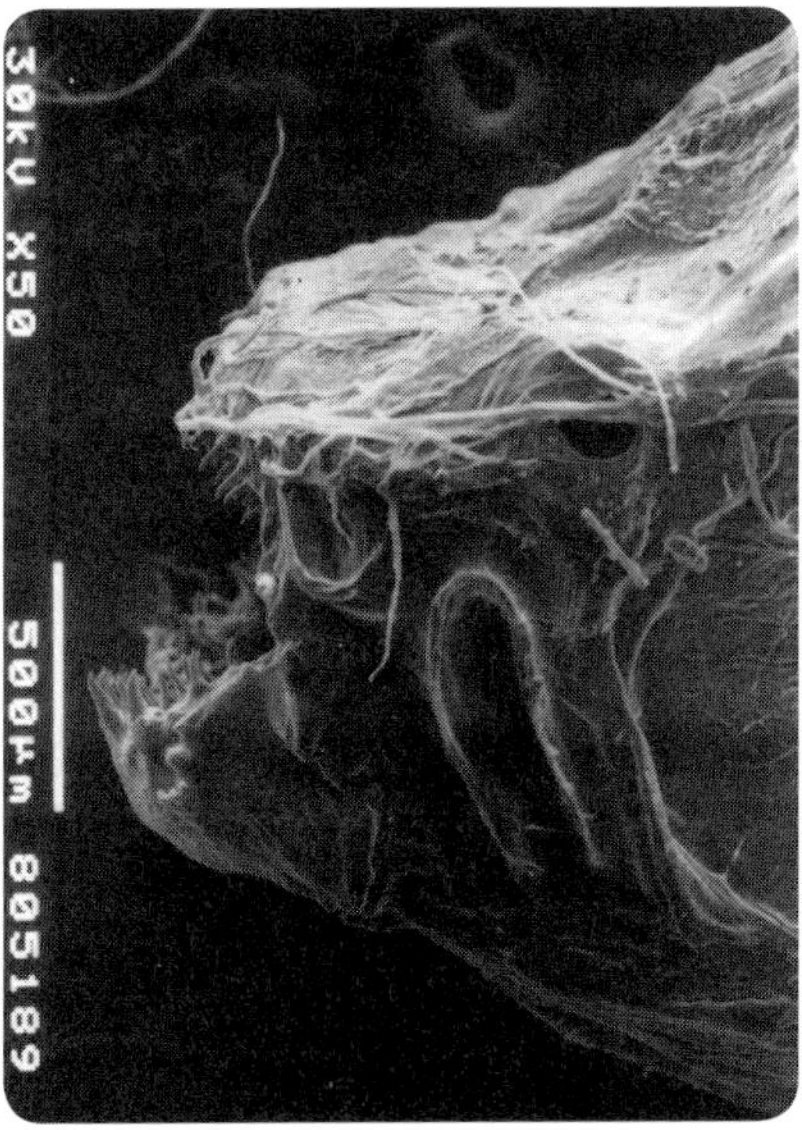

メダカの頭部を横から撮影。左向きに開いた口の中に、たくさんの歯が生えている。
(写真提供：大津寄昇氏)

●参考資料

『新版　メダカ学全書』岩松鷹司（愛知教育大学名誉教授・日本めだかトラスト協会会長）、二〇〇六年、大学教育出版
『メダカと日本人』岩松鷹司（同右）、二〇〇二年、青弓社
『宇宙メダカ実験のすべて』井尻憲一（東京大学アイソトープ総合センター教授・宇宙メダカ研究会名誉会長）、一九九五年、ＲＩＣＵＴ、非売品
『ザ・日本のメダカ』小林道信、二〇〇八年、誠文堂新光社
『メダカを愉しむ』「フィッシングマガジン」二〇一〇年十一月号別冊、緑書房
『メダカの種類いろいろ　めだかの館』平成二二年度　No.9　大場秀幸・清水誠編、二〇一〇年、めだかの館
『メダカの種類いろいろ　めだかの館』平成二四年度　No.11　大場秀幸・株式会社ピーシーズ編、二〇一二年、めだかの館・株式会社ピーシーズ
『メダカの種類いろいろ　メダカの館』平成二五年度　No.12　大場秀幸・株式会社ピーシーズ編、二〇一三年、めだかの館・株式会社ピーシーズ

あとがき

ひょんなことから、飼い始めたメダカにすっかりハマってしまい、今やメダカのとりこになってしまっています。そして、「毎日、メダカの世話や観察をしている私」を「このメダカたちはどう見ているのかな」と思ったのです。そんな、メダカ目線で書いたエッセイを「メダカ白書」と題して、私の受講しているカルチャーセンター「純文章講座」の受講生有志で作る同人誌風の作品集『文章工房』に発表したところ、その講座の講師である清水良典先生が「これを本にしてみませんか」とお声を掛けてくださったのです。

初めはリップサービスだと思っていたものの、二度、三度と勧めていただくうちに、せっかく先生が勧めてくださっているのだからと、思い切って出版を決意し、このエッセイ集『メダカ色のラブレター』が生まれました。刊行に際し、「オバさん」の不勉強なところは、監修の岩松鷹司先生に修正していただきました。

メダカを飼うことによって〝メダカセラピー〟(?)とでも言いましょうか、飼い主自身も少なからず癒されて、心穏やかな時間を持つことができます。たかがメダカ、されどメダカです。この本をお読みくださった皆さんが、少しでも「メダカ」に興味を持たれ、更に進んで、「私も飼ってみようかしら」と思っていただけたら嬉しいです。
　この本を出版するにあたり、丁寧な監修をしてくださったメダカの大家で愛知教育大学名誉教授の岩松鷹司先生、推薦のお言葉を頂いた東京大学の井尻憲一名誉教授、そして何よりもこの本の出版を勧めてくださった愛知淑徳大学教授で文芸評論家の清水良典先生、ご自分の出版経験から貴重なアドバイスをしてくださった文学歴史散歩の会主宰・源氏物語全文を読む会講師の小島勝彦先生、楽しくてユーモラスなイラストを描いてくださったすぎやまえみこさん、そしていろいろなご指導とアドバイスを頂きました風媒社の劉永昇編集長、それから、たくさんのご意見や資料をご提供くださったメダカ仲間の皆さん、本当に心から感謝申し上げます。最後に、執筆中の原稿の上を土足でお歩きいただいた自宅警備保障ネズミ対策課課長代理のニャオ吉先生にも、ついでに御礼申し上げます。ありがとうございました。

二〇一四年三月

著者

[著者略歴]
岩井 光子（いわい みつこ）
1947（昭和 22）年、岐阜県恵那市大井町に生まれる。生家は、中山道大井宿の明治天皇行在所になった民家で、現在は、「明治天皇聖蹟」として史蹟に指定、「岐阜県まちかど美術館・博物館」に認定されている。
1962（昭和 37）年、東海女子高校（現・東海学園高校）に一回生として入学し、新入生代表を務める。1965（昭和 40）年、同校卒業。
南山大学文学部英文科に進学、卒業後、高校英語教師として勤務。退職後、結婚、一男をもうける。
1986（昭和 61）年より今日まで 27 年間、母校の高校の同窓会長を務めている。東海学園評議員。東海クラブ副会長。南山大学同窓会理事。名古屋地域の南山会副会長。岩井殖産合名会社代表社員。日本めだかトラスト協会理事。宇宙メダカ研究会会員。

監修／岩松鷹司（愛知教育大学名誉教授・日本メダカトラスト協会会長）

イラスト／すぎやまえみこ
装幀／三矢千穂

メダカ色のラブレター

2014 年 3 月 26 日　第 1 刷発行　（定価はカバーに表示してあります）

著　者　岩井　光子
発行者　山口　章

発行所　名古屋市中区上前津 2-9-14　久野ビル
電話 052-331-0008　FAX052-331-0512
振替 00880-5-5616 http://www.fubaisha.com/
風媒社

乱丁・落丁本はお取り替えいたします。　＊印刷・製本／モリモト印刷
ISBN978-4-8331-5274-7